基于市场导向的
环境金融发展研究

许黎惠　著

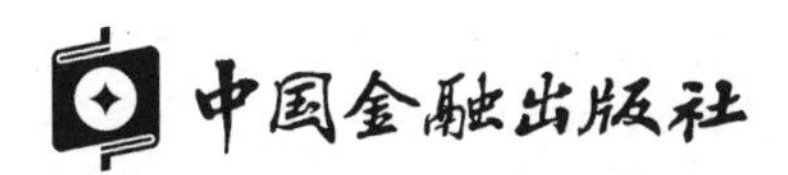

责任编辑：张智慧　赵晨子
责任校对：孙　蕊
责任印制：丁淮宾

图书在版编目（CIP）数据

基于市场导向的环境金融发展研究（Jiyu Shichang Daoxiang de Huanjing Jinrong Fazhan Yanjiu）/许黎惠著. —北京：中国金融出版社，2015. 11
ISBN 978 - 7 - 5049 - 8089 - 2

Ⅰ. ①基…　Ⅱ. ①许…　Ⅲ. ①金融业—环境经济学—研究—中国　Ⅳ. ①F832②X196

中国版本图书馆CIP数据核字（2015）第188854号

出版发行　中国金融出版社
社址　北京市丰台区益泽路2号
市场开发部　（010）63266347，63805472，63439533（传真）
网上书店　http://www.chinafph.com
（010）63286832，63365686（传真）
读者服务部　（010）66070833，62568380
邮编　100071
经销　新华书店
印刷　保利达印务有限公司
尺寸　169毫米×239毫米
印张　12.75
字数　175千
版次　2015年11月第1版
印次　2015年11月第1次印刷
定价　36.00元
ISBN 978 - 7 - 5049 - 8089 - 2/F. 7649

前 言 Preface

环境金融是金融业应对环境保护需要而产生的创新性金融模式，是金融业发挥对经济可持续发展支持作用的重要途径。作为一个从抽象概念逐步演变为具体变革的新领域，环境金融不同于传统的金融创新，它建立在环境不可再生或容量非常有限的前提上，强调环境保护目标下的金融业创新发展。由于市场在资源环境保护上存在着市场失灵需要政府介入以矫正，金融业在环保领域也同样存在市场失灵，所以政府干预介入是环境金融不同于传统金融的体现。低碳经济发展不仅要求金融业控制、规避高污染和高能耗的传统业务，更需要金融业进入节能环保新领域。政府的直接融资支持和管制型政策是市场经济不完善国家的传统手段，这类金融管理手段对商业性金融反向性“退出”两高领域较为有效，但是对激励逐利性的商业性金融主动、正向性“进入”节能环保领域则效果有限。可见，规模有限并且可能产生政府失灵的政府直接环境金融管理不能满足巨大的低碳经济融资需求，必须发挥商业性金融的主体作用，而后者又需要政府有效的激励和引导。所以，探讨政府和市场的作用以及二者的协调关系就成为环境金融理论研究和实践发展的关键问题。

环境金融在国际上有一定的发展，但部分国际绿色银行也面临作为“刷绿”粉饰手段的质疑，资本市场环境责任投资也仅在欧美等少数国家市场较为领先，国际上推动环境金融发展的多是一些介于政府直接干预和市场自发行动之间的环保组织倡议、国际多边金融机构协议和金融行业自愿性协议，所以探讨部分市场经济背景下环境金融发展领先国家的政府作用和市场动机是环境金融理论研究和实际发展的需要。

我国面临尖锐的资源环境问题和减排国际压力，然而我国金融业远未体现出自发迎接低碳经济、增强与欧美银行竞争的变革。例如目前仅兴业银行这1家赤道银行，仅有3—5家SRI基金，碳金融还在试点中。由于金融垄断形成的高利差利润，商业银行并没有主动承担环保节能业务的动力，“冷对绿色信贷”，“雷声大，雨点小”。金融监管机构初步构建了绿色金融监管构架，通过“环保否决权”和对大型银行“退出”考核等手段控制两高企业发展，但这多属于“准入限制”的管制性手段，缺乏市场型、经济型手段激励金融机构主动进入环保节能领域。同时在政策性和商业化改革摸索中的我国政策性银行在环境金融领域的市场引导作用基本处于“缺位”状态。所以从政府和市场关系的视角对环境金融的创新激励和普及推广进行研究，探索政府有效支持与市场充分发挥作用的途径，对我国环境金融实质性发展和金融业服务实体经济具有重要现实价值，这也符合我国探索政府和市场关系的经济改革总战略要求。

本书从政府与市场关系的视角出发，提出市场导向型环境金融的研究思路，探讨基于市场的环境金融管理政策工具以及金融机构基于风险和收益平衡下的主动性环境金融发展。本书首先对国内外环境金融的研究和发展进行了综述，指出本研究针对有效利用市场化机制推动环境金融发展的切入点，提出立足于市场导向的环境金融发展的研究意义，并提出本书的研究目标、研究内容和研究方法。

本书在理论部分首先归纳了环境金融发展的理论基础。对可持续发展理论、可持续金融理论、金融创新等基础理论进行了综述，并依据政府与市场关系、政策性金融功能观等对政策性环境金融的理论基础进行综述，从金融功能观、企业社会责任及利益相关者理论对商业性环境金融发展的理论基础进行了综述。在理论综述基础上，本书对环境金融的内涵、特征及分类进行了探讨，指出基于政府和市场不同作用下的政策性环境金融和商业性环境金融的分类，提出由市场型政策性环境金融和主动型商业性环境金融所组成的“市场导向型环境金融”的概念，指出环境金融的市场导向发展趋势。借鉴金融创新基本理论对环境金融发展的动因进行分析。在政策性环境金融对商业性环境金融的作用机理分析中，本书对政策性环境金融的资金支持机制及对商业性环境金融发展的额外性及杠杆放大效应进行了分析，并针对低碳环保项目的可融资能力和技术发展周期中“死亡谷瓶颈”提出了政策性环境金融撬动商业性环境金融的途径。

在国际经验分析部分，本书对政策性和商业性环境金融发展的国际实践进行分析和经验总结。整体而言欧美国家的银行业主动性环境金融发展已有较好规模，社会责任投资在欧美资本市场已进入主流，其经验具有借鉴意义。本书对国际政策性金融机构运用市场化环境金融管理工具改变商业性金融机构的风险收益状况，从而激励商业性环境金融产生和扩散的经验也进行了分析归纳。

在对我国环境金融现状的分析中，本书通过对我国商业银行绿色信贷执行现状的评价和绩效实证研究，指出我国商业银行环境金融发展还处于非常初步的阶段，主动性创新不足。资本市场环境类社会责任投资产品发展也很缓慢。通过对我国社会责任投资基金和社会责任指数绩效的实证研究，表明兼顾环境责任的资本市场投资绩效并不低于传统的投资方式，所以对SRI未能形成主流投资形式的原因需要探讨。由于我国环境政策的总体背景和政策性银行改革的现状，我国政策性环境金融在运用市场化管理手段引导商业银行环境金融发展的功能方面还比较缺乏。

本书最后结合我国环境金融发展的现状和国际经验，提出完善我国市场导向型环境金融发展的外部环境、创新市场型政策性金融管理工具以激励商业银行和资本市场主动性环境金融发展的建议措施。

目 录 Contents

1 导 论

1.1 研究背景与研究意义

在环境保护运动发展和国际社会对可持续发展观普遍被认同的背景下，各国都将环境保护和低碳经济发展作为经济政策制定时必须考虑的关键目标。作为现代经济的核心部门，金融业在促进经济发展的同时，对促进环境质量优化、合理配置环境资源有着重要作用。环境金融就是顺应环境保护需要而产生的金融业创新变革，是金融业履行环境责任的可持续发展模式。环境金融是环境经济学和金融学等多学科交融的新兴领域，已被国际金融界人士认可为金融业未来发展的主流趋势（Strandberg Consulting，2005）。经过10多年的发展，环境金融已经从一个抽象的概念逐步发展成为具体的变革。依托环境经济管理政策的引导，目前国际上环境金融实践处在向市场力量和行政力量并重，并发挥市场导向引导作用的探索进程中。作为一个新兴领域，环境金融从理论体系到金融工具及金融市场微观创新等方面都还有许多值得探讨的地方。所以对环境金融发展进行系统研究，并探寻宏观和微观层面环境金融发展及二者的联系具有较大的理论意义和创新性。

我国经济发展存在着尖锐的资源环境问题，国际合作关系中也面临着承担温室气体减排义务可能性的巨大压力。中国政府已经提出建设“两型社会”的可持续发展目标，为此需要实现经济增长与环境保护并重的转变，实现从主要用行政手段到综合运用经济法律和必要行政手段解决环境问题的转变。经济发展模式的转变必然要求我国金融产业从环保节能角度调整经营理念、管理政策、业务结构和产品创新，通过对社会资源引导，在促进经济发展与生态保护的协调中实现金融业自身的创新发展。所以对环境金融理论研究和实践推广的探讨符合我国转变经济增长方式的目标要求。同时，探索金融业在低碳经济领域的创新和发展对推动我国金融业更好地服务于实体经济的发展目标也具有重要的现实意义。

我国金融产业还远没有体现出自发迎接低碳经济发展、增强与欧美银行竞争能力的创新变革。例如全球78家接受“赤道原则（EP）”的商业银行中我国仅兴业银行一家，社会责任投资基金（SRI）仅有3~5家，碳排放权交易市场还在规划试点中。由于我国商业银行在利率管制下高利差利润和企业资金饥渴的现状，薄弱的环保公民运动也未形成市场压力，银行并没有主动承担业务开发成本和风险的动力进行环保节能产业的信贷服务，银行“冷对绿色信贷”（《证券时报》，2009），银行社会责任报告更多是基于管理层要求和市场形象考虑下的粉饰行为。我国环保总局和银监会（2007）、证监会和保监会（2008）制定了相关规则，初步构建了绿色信贷、绿色证券和绿色保险的绿色金融构架，通过“环保一票否决权”等政策手段从资金源头控制高耗能、高污染企业发展，但是这些基本属于针对“准入限制”的规避性、管制性手段，缺乏市场型、经济型环境金融管理手段以激励金融机构主动进入环保节能领域，金融机构开发环境金融业务动力明显不足，“雷声大，雨点小”。如何制定和执行有效的管理政策，激发金融市场环境金融发展的动力，形成环境金融发展领域政府与市场的有效关系就值得深入探讨研究。

因此，对环境金融从政策性和商业性两个层面的市场化发展进行理论探讨，研究市场化环境金融管理手段创新和基于市场利益及环境责任的商业性环境金融创新，探索环境金融发展中政府有效支持与市场充分发挥作用的途径，这些对拓展环境金融的研究具有较大的理论意义，对推动我国环境金融实质性创新发展和金融业服务实体经济具有重要价值和深远的现实意义。

1.2　国内外相关研究的评述

1.2.1　国外环境金融研究现状

1.2.1.1　环境金融界定及发展机制研究

近十多年来国际间对环境金融的研究逐步深化和丰富。首先在概念界定方面，Jose Salazar（1998）认为：环境金融是金融业根据环境产业的需求而进行的金融创新。《美国传统词典》（2000）认为：环境金融是环境经济的一部分，它主要研究如何使用多样化的金融工具来保护环境、保护生物多样性。Peter Lindlein（2008，2012）从供给和需求两个方面分析了环境金融成为金融市场主流的潜力和障碍。由于环境金融的“绿色”特征明显，所以又被称为绿色金融、生态金融（eco-finance）。《美国传统词典》（第四版，2000年）将绿色金融称为“环境金融（Environmental Finance）”或“可持续融资（Sustainable Financing）”。IDFC从官方管理的角度对绿色金融的广义范畴做出了界定。

环境金融包含于可持续金融之中，可持续金融专家Jeucken.Marcel于2001年出版的《可持续金融与银行业——金融部门与地球的未来》一书是可持续金融领域较有影响的专著，为环境金融研究奠定了一定的理论基础。由于次贷危机中较多投入于可持续金融业务的银行受到较少影响，人们开始更多地关注环境金融业务的发展（Brooke Master，2009）。Olaf Weber（2010）以当前金融危机为背景，分析了可持续金融为传统银行业提供一个可以正面影响社会、经济金融发展的渠道，展望了可持续金融的发展未来。

作为一个新兴的金融发展领域，环境金融与诸多概念存在相关和交叉的部分，如责任银行、社会银行（social banking）、道德银行（ethical banking）、责任投资、伦理投资（ethical investment）等。虽然环境金融突出的是环境保护原则而非其他的社会性原则标准，但是这些相关领域的研究也拓展了环境金融研究的发展。总体而言，环境金融相关概念日益受到重视，但是概念的界定还缺乏统一的学术定义，许多概念的内涵和外延在不同研究和应用场合常常被放大或缩小，并且常常存在交叉和混用。

一些国际组织通过制定可持续发展政策指南等方式引导各国金融机构将可持续发展和社会责任纳入经营管理活动中。对环境金融发展有重大影响的有：国际金融公司（IFC）的《社会和环境绩效标准》（2006年发布新标准），它以促进发展中国家私营部门的可持续性发展为目标；根据世界银行和IFC政策指南为银行项目融资制定的一套自愿的环境和社会原则《赤道原则》（the Equator Principles，EPs，2003，2006），联合国环境规划署金融行动（UNEP FI）以及2005年“可持续金融伦敦原则”和美国的Ceres Principles等。对于国际金融组织和发展银行在应对气候变化领域的作用，Patrick Karani（2007）分析发展银行顺应减排和环境友好产业发展，在推动非洲清洁发展机制领域的作用。Dimitra B. Manou（2011）分析了多边发展银行（MDBs）在项目融资决策中环境因素判断和决策的分析基础，并提出标准建议以期望有利于推动项目融资中可持续分析的深入研究。W.van Gaast和 K. Begg（2012）分析了应对气候变化的金融技术和金融活动。

环境金融是在与环境经济学结合的基础上发展而来的，注重政府与市场作用的环境经济学主体理论也决定了环境金融发展中政府与市场关系这一重点，各国在环境金融管理中对政府如何发挥作用都进行了一定的实践探索。美国环境保护署（EPA）公布的《金融工具指导手册：为环境系统而付出（2008版）》是EPA 环境金融项目的成果，手册试图明确环保监管的市场参与者和其行为过程的支付方式，将环境保护的激励机制通过市场化的金融产品转变成为政府和企业可选择的工具。《京都议定书》开创性地建立了三个基于市场作用的限制温室气体排放的合作“贸易”机制。基于灵活市场机制（Flexible mechanisms）的碳金融市场和基于自愿原则的《赤道原则》等相关国际协定成为环境金融市场机制的重要普及推动因素。

Rocío Pérez Ochoa（2008）认为碳金融市场作为自愿性市场，其未来的发展面临着组合、标准化、成本控制、政府监管和自我监管之间关系等问题。欧洲环境总署（EEA）2005年的技术报告中评价了市场化工具在欧洲环境政策中的运用，指出对政策成本效益分析的需要以促使管理层更好地了解基于市场的政策工具（MBIs）的优势。Henderson等（2008）通过对美国二氧化硫可交易许可框架的评估，分析了MBIs的优点和局限，指出需要综合经济和非经济因素，适当根据各国经济具体情况采取相应措施。

Benjamin J.Richardson（2005）分析了赤道原则（EPs）作为自愿性原则，其作用还处在变化发展之中，并指出对于监管性机制和政府主导的经济手段，这种自愿性工具的运用值得进一步关注和研究。西方学者认为除了政府宣传对环境保护的一般性正面影响外，对非政府机构和企业最现实有效的方法就是影响他们的公司价值、股票价格和融资成本。现阶段发展环境金融的机构面对的是卖方市场（Mehrota，2009），而非传统策略所面临的是买方市场。Marcia Annisette（2004）认为，如果社会责任型机构（如世界银行）都不能在经济利益与社会责任之间找到平衡点，那些次之的组织（如商业机构）就更不能被指望履行社会责任了。

1.2.1.2 金融机构环境金融发展研究现状

国内外对金融业微观层面环境金融业务的具体发展、金融业务运作以及各子市场相关发展都有研究，金融机构主要针对的是银行业金融机构。

金融业把环境保护因素纳入内部管理的原因有（Marcel Jeucken，2001）：减少自身运营成本，向客户提升其形象，应对环境风险增加而加强信贷业务环境风险管理（Scholz et al.，1995）以及市场发展潜力和机遇的吸引。Sonia Labatt于2002年出版的《环境金融》探讨了金融创新与环境的关系、金融服务业如何进行环境风险评价以及提供金融产品。

企业社会责任（CSR）理论的发展也推动了金融业环境责任的发展。通过对推动私营企业社会责任发展相关激励因素的研究，Grant Thornton（2008）认为公司行为影响利益相关者，CSR不再是大型企业的领域，对企业而言这不是选择而是必须。Bert Scholtens和Yangqin Zhou（2008）分析了股东行为和利益相关者之间的联系，指出利益相关者的不同构成对股东行为的影响是比较复杂的，需要更深入地探讨。Aloy Soppe（2009）比较环境金融和传统金融的区别，分析了可持续公司金融，探讨了利益相关者范式日益重要背景下的股东行为。Herwig Peeters（2003）分析了领先银行的环境金融创新产品和市场，探讨促进可持续性管理系统、报告和会计操作及利益相关者的动态关系。Wayne Norman等（2003）认为企业社会责任原则（又称为“三重底线原则”3BL）体现了对利益相关者的关注，但是需要对此进行测量、计算、审计和报告，否则关于3BL的说辞可能成为企业掩饰其社会责任报告和运作的烟幕。

在银行业环境金融领域，可持续金融研究专家Marcel Jeucken（2001）提出可持续银行发展的阶段论。将银行对待环保的态度分为抗拒、规避、积极和可持续发展四个阶段，大多数银行采取防御态度，关注成本增加而收益低，少数领先银行已步入积极阶段。相对于其他行业，银行业对环境问题反应相对迟缓，认为其内部运作自身对环境的直接影响较小，但是银行业对环境的间接影响是巨大的，银行对其面对的环境风险还缺乏充分的认识。接受UNEP FI、EP、EPE等国际金融领域自愿性原则的银行可以成为环境金融业的领跑者，赤道原则（EPs）已成为开展环境金融业务的重要标准，Bert和Lammert（2007）通过与未采纳EPs金融机构的对比，认为现阶段采纳EPs的主要表现为银行社会责任行为的信号标志。Suellen Lazarus（2004）、Susanne Bergius（2008）则指出利用EPs发展出口信贷、公司信贷、发展中国家业务的探索方向。

McKenzie George（2004）在对英国银行业涉及环境业务时面临的信贷风险分析时发现，相对于信用风险评估，银行业对涉及污染效应贷款的声誉影响更关注。银行更关注环境风险可能导致的法律责任。Olaf Weber（2005）对欧洲金融机构进行了基础性调查，发现事件、新关联战略引导、利益驱动、公众使命及客户需求是银行业与可持续性成功结合的模式。Ratka Delibasic（2008）以Montenegrin commercial banks为对象，分析了金融业的环境信贷实践。Olaf Weber、Marcus Fenchel等（2008）通过对欧洲银行信贷风险管理中环境风险的分析，指出风险管理不同阶段环境风险管理的运用及不同效果，强调了银行信贷风险管理中环境风险管理的重要性，Olaf Weber（2011）分析了加拿大银行信贷管理中环境风险管理的状况，指出将环境和可持续性因素融入信贷风险管理成本收益计算的研究展望。除了对主流大型金融机构环境金融的研究外，国外学者对环境金融在中小银行、社区银行和农业金融方面的发展也进行了探讨。

1.2.1.3 非银行机构环境金融研究

在社会责任投资（SRI）方面，Michael L. Barnett和Robert M. Salomon（2006）将现代证券投资理论和利益相关者理论结合，发现基金运作和社会责任投资之间存在线性关系，社会责任投资中的环保筛查和社区行为筛查对基金运作的财务效果不同。Emma Sjöström和Richard Welford（2009）以香港市场为对象，指出由于推动SRI的许多因素在香港等亚洲地区不存在，SRI没有产生如同欧美SRI的环保促进效果。Thomas Koellner，Olaf Weber等（2005）指出投资基金可持续性评价的准则。Paul Ali（2007）分析了绿色对冲基金的发展和应关注的问题。John Russell（2006）以公共社保基金为例分析了社会责任投资在欧美各国的不同方法，探讨了如何促进基金管理经理将SRI原则付诸实践的措施。Easwar S. Iyer和Rajiv K. Kashyap（2009）从消费者的视角分析了投资者的非经济目标，指出消费者的环保倾向与其投资的非经济目标正相关。

可持续发展指数的推出为环境金融实证量化研究提供了一个有效的平台。Andreas Ziegler和Michael Schröder（2006）利用面板数据分析，指出欧洲企业参与可持续性股票指数投融资活动的决定因素。Suhejla Hoti和Michael McAleer利用DJSI指数构建了环境金融的风险分析模型（2005），并实证分析了当前主要可持续性指数的风险溢出效应和发展趋势（2008）。Suhejla Hoti，Michael McAleer和Laurent L. Pauwels（2008）通过对DJSI 指数中可持续驱动型企业投资波动性的模型运用，构建了环境风险的分析模型。

现阶段资本市场环境金融投资相对于传统金融模式在财务效益方面的研究还存在着不同的结论。Christopher J. Murph&Py（2004）通过实证研究指出，严格执行环境标准的企业在财务金融回报率方面要好于以S&P500为整体的市场水平。Iulie Aslaksen1 和Terje Synnestved（2003）探讨了道德投资的筛选过程对企业环保行为的激励效果，其实证分析没有表明社会责任投资的回报低于传统型投资组合。David J. Collison，George Cobb等（2008）对英国可持续指数FTSE4Good Indices 的金融运行进行了研究，由于该指数和市场基础的风险差异，从1996年到2005年该指数比市场基础面表现要更好。Kjetil Telle（2006）指出由于数据的限制，对企业环保运作的经济效果的量化研究方法存在一些局限，认为目前进行环保投资是值得的结论还不成熟。瑞银集团研究机构Warburg指出，在目前还不能明显地做结论说关注环保社会效应的社会责任投资利润高或偏低，但曾经普遍流传的道德性投资是“坏账”的观点已经被摧毁了。

1.2.2 我国环境金融研究现状

我国国内对环境金融的研究始于可持续发展观下的金融发展和金融支持研究。

（1）国内环境金融概念相关研究

郭永冰（2007）和蔡芳（2008）分别在博士论文中对循环经济的金融支持问题以及环境保护的金融手段进行了研究，吴晓、黄银芳（2009）探讨了绿色金融理论在长株潭“两型社会”建设中的应用。这些研究关注金融业融资功能对低碳经济的作用而非金融产业自身的发展创新。

张伟（2005）介绍和梳理了环境金融理论的发展和学科特点，认为环境金融是针对环境保护，以及为推动环境友好型产业发展而开展的投融资活动（2009）。王卉彤（2006）则探讨了循环经济和金融创新的双赢路径。安伟（2008）分析绿色金融的内涵、作用机理和我国的实践，对绿色金融内涵的国内外代表观点进行了综述，表明了理论界对环境金融宏观、微观的不同研究视角。李小燕等（2006）将绿色金融与生态金融、可持续金融、金融可持续发展和金融生态等相关概念进行了比较。王玉婧（2006）认为金融系统在确定贷款和资本价格时应包含社会和环境风险，并将这些风险通过制度或税收等方式实质性反映出来，在商品或服务的价格中真实清晰地揭示出环境服务的价值。方灏（2010）认为环境金融本质是基于环境保护目的的创新性金融模式。

（2）国内银行业环境金融的相关研究

近年来，国内学者对我国金融业，尤其是银行信贷业务在可持续理念下的发展研究逐步增多。陈光春（2005）就绿色金融发展的融资策略进行了探讨，张长龙（2006）介绍了新版赤道原则的特点，指出我国金融机构应积极应对。唐斌、郭田勇（2008）认为银行参与环境金融的动力来自规避风险和获取收益，卫娴（2008）探讨了银行的可持续发展，人民银行天津分行课题组（2009）对我国绿色信贷的发展提出建议措施。赵洁（2008）以我国目前唯一的赤道银行——兴业银行为例，探讨银行的社会责任与可持续金融模式。朱文忠（2009）分析了银行绿色信贷和社会责任战略的作用，以利益相关者理论和制度压力理论探讨了商业银行社会责任的标准和机制，郭濂（2011）列举了我国金融界环境金融的实践案例。王卉彤、高岩（2010）依据金融企业和内外部利益相关者之间的伦理关系，提出了以制度建设为重点的完善商业银行社会责任的主要路径。

（3）国内非银行环境金融相关研究

国内学者对非银行环境金融研究也有进行，孟耀（2008）在理论上探讨了绿色投资的规律，并针对我国发展绿色投资的实践提出具体对策。王卉彤（2008）介绍了天气衍生产品、巨灾证券、碳信用等国际社会应对气候变化的金融创新。Chris Wright（2007）研究了清洁发展机制（CDM）在中国的发展，指出中国缺乏明确和可操作性强的相关法律法规以及地方政府的力量阻碍了排放权交易的发展。熊惠平（2008）透过公司社会责任思想演化对环境金融理论和实践的推动，指出中国金融业开展社会责任投资的必要性。赵明（2006）、薛有志（2008）、姜涛（2010）等介绍了SRI在世界范围的发展历程，提出我国SRI发展的前景、路径建议。沈洪涛（2005）、温素彬和方苑（2008）等依据我国上市公司样本对企业社会责任和财务绩效关系进行了研究，乔海曙、龙靓（2010）分析了我国资本市场对上市公司社会责任投资信息的反应。游春等（2009）对绿色保险进行了文献综述研究，分析了环境责任保险在我国发展的模式。朱家贤（2009）从金融、法律交叉的角度，对排放权类、银行类、环境基金类金融产品以及环境项目融资与环境保险的法律制度进行了分析介绍。

（4）国内环境金融发展政策建议相关研究

葛兆强（2009）认为我国应借鉴发达国家环境金融发展的经验，从制度、市场、组织和机制等方面加快金融创新，以推动我国循环经济发展。张雪兰、何德旭（2010）分析了财税政策激励环境金融发展的国际经验。于海东、唐文惠等（2010）用博弈模型分析了环境金融市场定价机制。唐跃军（2010）认为碳金融交易市场是我国运用市场力量推动环境金融的切入点。韩立岩（2010）分析了政府作为引导者，绿色金融创新机制的作用。2007年以来环保总局、中国人民银行、银监会等部门联合发布规章条例，绿色信贷、绿色证券、绿色保险等我国环境金融体系初步构建，一些研究论文对相关政策进行了推介。

1.2.3 国内外研究现状评述

从国际环境金融实践及研究发展可以看出，环境金融是具有交叉学科特点的新兴领域，涉及概念和领域众多，许多分支领域还在不断发展变化中，尚未形成系统、成熟的理论体系。Astrid Juliane Salzmann（2013）统计了SSRN资源上较宽泛的可持续金融相关论文，发现从2000年的10篇到2005年的46篇再到2011年的259篇，可持续相关的研究文献以年均45%的速度增长，并且从2012年开始，SRRN在社会科学的主要研究主题中增加了“可持续研究及政策”这一主题分类。但是Astrid同时发现，在前10名的顶尖金融学学术期刊中，相关研究论文的比例还是非常低。各国环境金融发展所处阶段差距还比较大，国际环保公约下各国经济战略的调整和国际经济金融组织的环境金融实践都对环境金融的推广有一定作用。环境金融的发展是一个由分离的契约工具和未经协调的组织程序所构成的、高度零碎的社会过程向市场力量与行政力量并重的规制转变过程（Nielson ann Tierney，2003）[①]，环境金融产品创新和实践还有很大的拓展空间。如何实现有效的激励机制是国际上环境金融领域政府管理和理论研究的重点，对环境金

① 转引自何德旭，张军州. 创新、风险、保障：中国金融发展安全观［M］. 北京：社会科学出版社，2012.

融的效益、动机、信息披露、产品创新、风险定价及管理等方面都在进一步深入研究之中。

国内相关研究表明，环境金融对我国实现经济可持续发展有着重要的意义，但是我国现阶段对环境金融的研究还处于起步阶段，多以推广、介绍国外发展为主，罗列国内外环境金融创新典型产品，对环境金融发展的支持理论研究较少，研究的系统性比较不足，对环境金融的政策研究也比较抽象。环境金融管理还缺乏有效的激励机制，环境金融实践发展面临着认识、能力、基础和信息等多重制约，我国环境金融研究还处于起步阶段。

纵观国内外环境金融研究和发展现状，本书认为：

在研究视角方面，国内环境金融研究或偏重于宏观政策而微观金融特性不足，或立足于微观金融层面而忽视环境经济的特征及约束，对二者相互作用下的环境金融发展研究较少。并且，国际间环境金融主流研究和实践都是建立在市场经济相对完善的工业化国家背景下，对发展中国家和经济转轨国家在不同政府和市场关系构架下的发展研究较少。

在机理研究方面，现有研究主要限于一般宏观表象的论述，对克服政府失灵与市场失灵目标下的政府有效管理手段和路径的研究缺乏。我国现有研究多重视政府投入对促进低碳经济发展的融资支持作用，对如何发挥金融市场的决定作用和政府金融管理的引导作用，构建政策性金融带动商业金融、民间资本等共同促进环境金融发展的融合机制研究不足。

在实证研究方面，现有研究中基于商业性金融"平衡风险、追求利润"本性来探讨商业银行和资本市场环境金融的收益和风险等绩效的研究还比较少，从而现有建议多较原则抽象。

在对策研究方面，现有环境政策多限于传统的政府管制型政策，或者多为倡导政府直接投入支持低碳经济，对促进环境金融发展的"市场化"政策手段重视不够，经济型、市场化手段研究不足。或者现有研究所提倡的经济政策工具"财政性"明显而"金融性"不足。

综上可见：本书通过深刻全面地阐释环境金融中政府与市场的作用和

关系，探讨基于市场的环境金融宏观管理促进微观环境金融发展的机理，在理论研究上具有突破性和创新性。在实证方面对我国商业性环境金融的经济绩效进行计量分析，为分析我国环境金融发展中的问题与制约因素提供依据，在此基础上提出的政策建议也具有重要的实际应用价值。

1.3 主要内容和研究方法

本书所指的基于市场导向的环境金融又可称为“市场导向型”环境金融，包括两个层面，一是基于市场的环境金融管理政策工具的发展创新，二是微观层面金融机构基于收益和风险平衡的环境金融产品发展。

1.3.1 研究内容

本书以环境金融发展中政府与市场关系为主线，探讨环境金融的内涵、性质和外延体系，研究政策性环境金融与商业性环境金融的界定与作用，探讨政策性环境金融引导和放大商业性环境金融的机理。对市场导向型环境金融发展的国际管理实践和经验进行总结，对我国环境金融发展现状进行评价，由此提出我国市场导向型环境金融发展的对策建议。

具体而言，本书的研究内容分为以下4个部分：

第1部分　市场导向型环境金融发展的理论基础

结合本书形成的理论价值和现实意义，以环境经济学、金融创新、政策性金融功能观、金融中介及社会责任和利益相关者等理论为基础，探讨环境金融的内涵、特征，进行政府与市场不同作用下的环境金融类型划分，通过与政府管制、市场被动规避的政府主导型环境金融的比较，提出政府引导、市场主动创新的市场导向型环境金融发展模式。主要涉及内容：（1）环境金融内涵界定以及政府干预性的特征分析；（2）环境金融发展的理论基础；（3）政府与市场静态关系下的政策性环境金融与商业性环境金融分类；（4）政府与市场动态关系下的环境金融市场导向模式及发展趋势。

第2部分 基于市场的政策性环境金融促进商业性环境金融的机理

探讨商业性环境金融的发展动因。依据环境金融的市场失灵以及政府和市场关系的现代经济学思想，提出环境金融管理的“额外性”要求，探讨市场型政策性环境金融引导和杠杆放大商业性环境金融发展的途径。主要内容包括：（1）商业性环境金融的创新及扩散动因；（2）政策性环境金融对商业性环境金融的额外性和杠杆功能及衡量；（3）低碳融资的“死亡谷”和可融资性瓶颈；（4）政策性环境金融撬动商业性环境金融发展的路径。

第3部分 市场导向型环境金融发展的国际经验

从欧美商业银行及资本市场环境金融发展现状出发，研究商业银行环境金融产品特征及市场竞争利益，考察欧美SRI市场体系发展及促进因素。分析市场型环境金融管理工具的典型方式、运作模式和案例，探讨政策性环境金融对商业性环境金融额外性要求的实现手段。主要内容包括：（1）商业银行主动性环境金融创新的国际经验；（2）欧美SRI主流发展的启示；（3）基于市场的环境金融政策工具及模式的国际经验。

第4部分 我国环境金融发展现状及基于市场导向的环境金融政策建议

针对我国商业银行环境金融市场导向发展不足的现状，进行绿色信贷评分以及经营绩效相关性的实证检验，针对资本市场SRI发展迟缓的现状进行SRI投资绩效实证分析，分析问题及制度缺陷，提出建议措施。同时分析我国政策性环境金融的市场引导功能缺失。借鉴国际经验，基于金融功能范式提出我国政策性环境金融的额外性要求和杠杆率衡量指标以及市场导向型政策运作工具和运作模式的建议。主要内容包括：（1）我国商业性环境金融发展现状及主动性发展不足的原因；（2）我国政策性环境金融发展的现状；（3）市场导向型环境金融政策及金融机构管理创新的建议。

1.3.2 研究方法

本书站在国际化、实证化和本土化的角度，将研究涉及的现代金融学、环境经济学、金融创新学等多学科知识进行综合，建立分析框架，跟踪国内外最新研究动向，灵活借鉴现代经济学中的一些常用研究方法，重点运用规范分析、比较归纳、实证分析方法，开展理论、现状与对策研究。

（1）理论研究部分采用文献查阅梳理、演绎分析、归纳的方法，界定环境金融创新及特征；运用理论演绎和抽象归纳方法，抽象提炼出基于市场的环境金融发展的理论支撑平台；运用归纳和比较分析方法，比较政府管制型和市场导向型环境金融的模式差异；运用供求关系基本框架，分析环境金融发展的动因。机理分析部分结合政策性金融相关理论和金融创新理论，通过理论演绎和抽象归纳方法揭示基于市场导向的环境金融发展模式的运作机理。

（2）现状分析和评价部分，运用计量分析方法，利用我国社会责任基金运作和可持续发展股指的数据，分析我国现阶段社会责任投资的绩效；运用报表分析和指标分析方法对我国主要商业银行环境金融发展及绩效进行评价；运用归纳分析法总结我国环境金融管理政策的现状。

（3）经验分析和对策研究部分，运用比较分析法和案例分析方法，分析借鉴国外环境金融发展成功经验；提出我国市场导向型环境金融发展目标下有效激励管理的政策取向和相关建议措施；从微观金融机构风险收益管理的基本角度，提出拓展环境金融市场发展的建议。

2　环境金融发展研究的理论基础

环境金融是一个跨越多学科的新领域，是当代金融创新的重要领域，可持续发展理论、可持续金融理论和金融创新理论是环境金融发展的基本理论基础，环境经济学、政策性金融功能学等理论是政策性环境金融研究的基础，而基于功能学的商业银行和资本市场的环境金融发展中，社会责任理论和利益相关者理论有着较大的影响。

2.1　环境金融产生发展的基础理论

2.1.1　可持续发展理论

可持续发展观是在对传统工业化道路进行深刻反思的基础之上而形成的。20世纪70年代以来人们对工业革命后以追求无限经济增长的发展目标进行了反思，提出了可持续发展的模式，1992年联合国环境与发展会议上提出的可持续发展观获得了各国政府的普遍认可。

按照世界环境与发展委员会在《我们共同的未来》报告中阐述的可持续发展的概念，可持续发展（Sustainable Development）是指既能满足当代人的需要，又不对后代人满足其需要的能力构成危害的发展。可持续思想的主流观点包括三个维度：环境、社会和经济的可持续。这一定义的可持续发展包含两个重要概念：第一是满足需求，尤其是世界贫困国家的发展需求；第二是现有技术、社会组织结构在环境能力上满足当前和未来需求的有限性。可持续发展的核心是发展，是经济、社会、资源及环境保护协调发展，它们是密不可分的系统。

Adams W.M.（2006）指出可持续发展观念抽象，容易被各国普遍接受，但是进入21世纪的各国需要在各行各业将可持续发展深入具体化，而

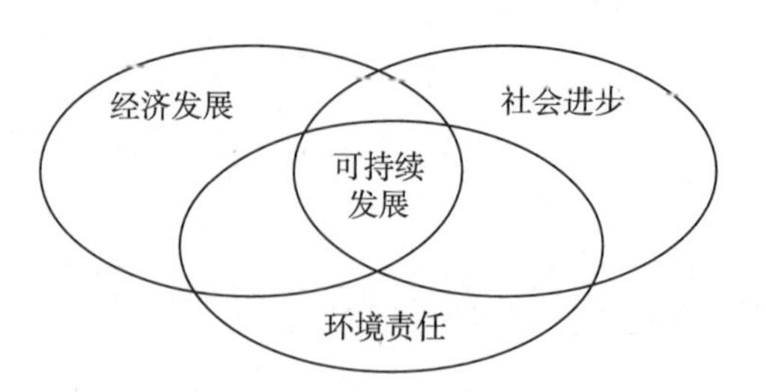

图2–1　可持续发展观的构成

不是空洞的口号和承诺。为实现可持续发展，一方面需要通过舆论引导、伦理规范、道德感召等人类意识的觉醒，另一方面更要通过法制约束、社会规范、文化导向等人类活动的有效组织，逐步达到人与人之间关系（包括代际之间关系）的调适与公正（牛文元，2012）。

可持续发展理论的核心是努力把握人与自然之间关系的平衡，寻求人与自然和谐发展及其关系的合理性，必须把人的发展同资源消耗、环境退化、生态胁迫等联系在一起，努力实现人与人之间关系的协调。将环境问题与发展问题有机结合已经成为社会经济发展的全面性战略要求。

在主流经济学涉及可持续发展的生态环境问题研究中，西方经济学家把生态环境问题等同于外部性，把可持续发展理解为治理外部性，在实践上主张运用治理外部性的经济手段来实施可持续发展，但是效果却并不显著。通过反思，西方学者认为生态环境问题不完全是外部性，可持续发展的实施不完全是治理外部性。在实施可持续发展的过程中要区分环境问题和生态问题。对由于外部性所引起的环境问题可以采取科斯手段和庇古手段来治理，但生态问题是由于经济活动的分散性而引起，必须通过制度安排进行治理（卫玲，2002）。

Marcel Jeucken认为三重底线原则思想在具体业务中具有指导作用，但是不能作为政府或社会发展的指导原则。在Jeucken对可持续发展的研究中，环境维度的可持续发展占据相对重要的地位。Jeucken认为从政策执行的可操作性而言，经济和环境维度的结合是理论和政策研究的主导部分。根据世界峰会的宣言，生态系统的质量是最终底线。Jeucken通过对发达国家和私营经济部门的研究，认为可持续是一种投资方式改变的过程，技术

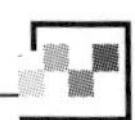

发展、消费模式和机构变革的重点是对原材料的消费不能超过生态系统的再生能力，或者对环境的污染不能超过其吸收的能力。对金融业与可持续发展之间的关系，Bert Scholtens（2006）探讨二者间多变和间接的联系，指出可持续发展研究中多集中于公共股东，而忽略了信贷渠道和私人股权的潜在影响。

2.1.2　可持续金融理论

可持续金融（Sustainable Finance）是金融业应对可持续发展要求的产物，它是同时处理好人与社会、社会与经济、当前资源和未来资源环境的协调关系下的金融发展新模式，是金融业在可持续发展目标下，将社会、生态和经济增长有序协调发展融入其自身，从而产生的金融业变革创新。可持续金融包括金融业对社会发展和环境保护的推动，以及金融业从中获得的新业务范畴和新利润增长两方面。

可持续金融研究专家Marcel Jeucken在2001年出版的专著《可持续金融和银行业》中，从金融业内部的视角研究了银行等金融业可持续发展的阶段，是可持续金融理论研究的代表。Marcel Jeucken以可持续银行业的发展阶段特点来研究可持续性金融，Jeucken对可持续金融的探讨是以可持续商业（sustainable business）为基础，把企业对可持续的发展阶段分为防守、预防、进攻和可持续阶段。防守型业务以成本为专注点，并试图阻挠通过对公司竞争力有影响的环境法规。预防性业务同样以成本为重点，但是通过有效的生产程序和技术来实现成本节约。进攻性业务是开展有效的生产和环境友好型产品的生产。但是仅仅减轻环境压力并不意味着企业可持续，由此需要进展到第四个阶段：可持续业务阶段。企业的可持续业务观点又可称为3P观，即社会价值（people value）、生态价值（ ecological value或planet value）和财务价值（profit value）。根据3P观，可持续公司必须遵守三个方面，但是公司可能会面临两难局面，这时企业利益相关者的影响会决定企业的倾向，而环境（Planet）通常被作为最主要的P。类似于企业可持续业务的发展进程，根据银行对待环保为主要内容的可持续发展的不同态度，Jeucken（2001）从动态角度将可持续银行发展分为抗拒、预防、主动和可持续发展四个阶段。

Jeucken认为银行业对自身的社会定位是可持续银行的关键。进入到这个阶段的出发点不是环境法规或者相关市场，而是关于环境、组织目标和组织希望在社会中发挥职能的展望。可持续银行的一个关键点是具有可持续特征的社会和商业活动都是银行自主激励的。目前，可持续银行还属于少数利基类参与者（niche players）。

综合国内外可持续金融的研究和实践，可持续金融理念包括客户的可持续发展和金融机构的可持续发展，可持续金融依然要符合金融运行的基本逻辑规律。可持续金融是金融机构的主动作为，金融机构能够自发地在业务经营中注重社会、环境价值并将纳入金融机构的公司治理目标，而非仅仅是金融机构在交易时考虑规避社会和环境不利因素的反应。

2.1.3 金融创新理论

环境金融是金融业在可持续经济发展趋势下的创新行为，所以金融创新的基本理论构架也是环境金融发展的理论基础。金融创新是金融业各种要素的重新组合，具体是指金融机构和金融管理当局出于微观利益和宏观效益的考虑而对机构设置、业务品种、金融工具及制度安排所进行的金融业创造性变革和开发活动（生柳荣，1998）。金融创新从不同的角度可以分为多种类型。根据创新主体的不同，金融创新可以分为管理创新和市场创新。根据动机的不同，金融创新可以分为提高金融效率的创新、规避管制的创新、转移风险的创新和谋求最大利润的创新。提高金融效率的创新主要包括金融观念的创新、金融组织的创新、金融市场的创新。规避管制、转移风险和追求最大利润的创新则表现为活跃的金融工具创新。根据金融创新是否主动，可以分为防御型创新和进取型创新。Silber（1983）的约束诱导性金融创新理论认为，金融创新是微观金融组织为了寻求最大的利润，减轻外部对其产生的金融压制而采取的“自卫”行为。依据创新主体进行划分是本研究对环境金融类别划分的主要依据，即现阶段将环境

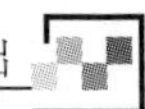

金融发展视为一种金融创新，根据环境金融的创新主体中政府与市场的不同，环境金融创新可以划分为政策性环境金融创新和商业性环境金融创新。另外，根据金融创新主体对待创新主动或被动的不同态度或立场，也是本研究中环境金融的分类研究参照。

金融创新的动因是金融创新研究主要领域。一般运用供求分析框架研究金融创新动因，即讨论金融机构发展新产品或采用新技术、新制度的动机，这里引发创新的因素一般有监管竞争、全球化、技术及易变的汇率和利率等。从需求方面看，一些研究认为消费者和投资者的财富增长、交易成本和市场占先等因素驱动了金融机构提供相应的产品和制度。从供给角度看，一些研究认为，金融机构本身追逐超额收益、规避管制和分散风险等行为引发了产品成本和制度创新。我国学者王仁祥等（2003）指出我国金融创新有别于西方的两种动因，一是“政府推进”型金融创新，是指在我国经济转型的过程中政府对新的金融业务、金融机构和金融市场的培育以适应经济改革的要求而进行的创新；二是“市场失灵”型金融创新，是指运用金融创新克服金融市场的缺陷，市场作为调配资源的基础性手段在某些领域会失灵，需要金融创新对“市场失败”领域进行弥补。

相对于金融创新的动因而言，金融创新过程的研究起步比较晚。一些学者从产业经济学的视角研究金融创新的发展、采纳与扩散过程。菲利普和尼达乐（Philip，Nidal，1999）的著作《金融创新》立足于产业经济学的创新理论，认为创新的采纳和扩散是创新过程的主线。

环境金融作为金融业的创新行为具有金融创新的基本特点。例如，由于政府环境法规和金融监管部门的条例，商业银行规避可能承担环境事故连带责任的信贷业务，应对社会责任报告的监管要求及市场监督而开发环境友好型的产品，以维持良好的市场形象，保持市场份额。金融机构的这些创新都具有规避管制、防范风险、约束诱导等金融创新的特征。商业银行和资本市场机构投资者将环境问题视为金融风险的一个来源，因而对此新领域面临的环境风险进行风险评估和定价，设计新产品，由此增加管理成本，所以这类环境金融属于防御型金融创新。但如果银行为满足客户的新能源技术开发的融资需求，维持客户关系和市场参与份额，银行由此进行的绿色信贷品种和管理环节的创新就属于微观金融机构基于商业目的自主激励进行的创新，也属于风险转移创新、进取型创新。

由此可见，环境金融在某些领域和阶段具有一定的政府事前引导和控制的特点，这和传统意义上的金融创新有一定差别。由此，本书对政策性金融进行深入研究，并探讨政策性环境金融和商业性环境金融结合的创新，这是对金融创新研究的拓展。

2.2 政策性环境金融的相关理论

2.2.1 政府与市场关系理论

政策性环境金融与商业性环境金融的相互关系可以从政府与市场关系理论和政策性金融对商业性金融的功能理论中找到理论依据。

政府与政策性金融和市场与商业性金融之间存在着相互对应关系，所以政府与市场关系理论是政策性金融与商业性金融发展关系的宏观经济理论基础。

在政府与市场关系的争论中，经济学界存在三种观点或模式，即市场亲善论、国家推动发展论和市场增进论。市场亲善论实际上也是古典经济学的政府调控论，认为政府除了执行稳定的宏观经济政策外，不做其他事，而市场则是唯一和最适用的资源配置机制。国家推动发展论则认为政府应规制市场，政府可以作为市场的替代，通过政府的干预来弥补市场失灵。市场增进论认为前两种理论模式都基于政府与市场相互替代的假定，把它们作为完全平行的、对立对等的和非此即彼的两个极端，而市场增进论认为，政府政策并非旨在直接引入一种解决市场失灵的替代机制，而是以增强民间部门解决市场失灵的能力为目标。市场增进论强调政府创造条件，促使有可能无法实现的有效经济结果得以实现，并通过政府的强制权力保证其实施，从而发挥政府在企业与市场间的协调作用。当今，无论是资本主义国家、社会主义国家还是发达国家、发展中国家或经济转轨国

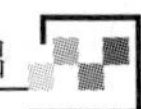

家，都逐渐认识到市场机制和政府干预各有优劣，两者间应该是互补而非替代的关系；各国几乎都无一例外地步入了以市场机制为主导，同时政府又进行适当干预的混合经济时期。各国政府面临的不是应不应该干预社会经济生活，而是政府如何有效地实施干预。

约瑟夫·斯蒂格利茨等提出的后华盛顿共识指出，在发展中国家的经济发展和经济转型过程中，由于市场机制的不健全和信息的不对称性，一定程度和一定形式的政府干预也是必要的，根据发展中国家的实际情况创立相应的经济理论和经济政策体系也是有必要的。金融体系改革的方向不应是金融自由化，而应是重建管制框架以达成有效率的金融体系，并通过政府的行为使市场的原有功能更好地发挥，即发挥政府的市场功能扩张（market-enhancing）作用。

环境管理存在的市场失灵需要政府的干预，政府应因势利导推动组织协调市场投资或政府提供这方面的完善。另外，政府还需要补偿技术创新、产业升级过程中先行企业所面临的风险和不确定性，这样新技术和新产业才能根据比较优势的变化不断顺利进行创新和升级。所以，一个发展成功的国家必须是以市场经济为基础，再加上一个“有为”的政府（林毅夫，2013）[①]。

基于政府与市场的关系，政策性金融的职能是填补商业性金融不能做到或不能做好的业务，而不是去做商业性金融能做到的金融业务。此职能逻辑关系体现在政策性环境金融和商业性环境金融之间也是如此对照的。

2.2.2 环境经济学

环境金融是金融业应对环境保护需求而产生的金融业变革，研究如何利用有效的政策工具解决环保问题的环境经济学是环境金融产生的理论基础之一。

① 林毅夫：转型国家需要有效市场和有为政府，2013-11-17，http://news.ifeng.com/exclusive/lecture/special/xingaige/。

由于环境具有公共品的特征，存在着市场失灵现象，这需要政府干预来矫正市场失灵以达到效率均衡。市场失灵是由于产权缺失造成的，它导致没有市场动机去防止和纠正对空气和河流等的污染。根据科斯定理，有效的产权分配能解决这一困境，但是科斯定理的条件是需要政府以第三方的身份介入才能实现市场失灵纠正（Scott J. Callan，2006）。解决环境外部性问题的一般方法是使外部性内在化，即促使市场参与者承担外部成本和收益。解决途径之一是产权分配，例如污染排放、温室气体排放权的初始权利设置和分配，这需要政府做出决策并强制性执行。另一种使环境外部性内在化的方式是通过建立市场和为污染定价，通过考虑外部成本和收益来改变产品的效率价格。

环境经济学（Environmental Economics）是研究如何充分利用经济杠杆来解决环境污染问题，强调以市场为基础的工具运用和政策制定的经济学（S Whitten，2004）。Scott J.Callan ，Janet M.Thomas在《环境经济学》（2006）中指出，各国环境管理政策手段分为两大类：行政管制方法和市场方法。行政管制方法是指通过规制或标准以直接管制污染者的政策。例如通过设定排污限定量或技术约束直接管制污染源。行政管制方法更为传统，在大多数国家迅速奏效。但是这类手段缺乏灵活性，执行成本过高，对技术进步激励有限，可能产生微观主体的寻租规避方式而降低政策规制效率，并且受到财政资金有限性的约束，一旦出现财政资金断裂，难以发挥微观主体自身的行为自觉性。市场方法是以激励为基础的政策，其目的是将环境损害的外部成本内在化，通过市场力量对环境质量赋值或污染定价，赋予环保产品和服务具有市场价值从而产生环保的激励作用。环境管理“基于市场的方法”（Market-based instruments，MBIs）有税收、收费、补贴和可交易许可等方式，MBIs可以使企业分担资源使用中的环境控制成本和效益，形成推动企业使用清洁、环保技术动力的激励（Robert N. Stavins，2003）。环境管理工具正在经历从传统的管制型方式向市场型转变的趋势。高效的市场化环境政策工具具有特定作用环境，需要处理好政府与市场的边界的关系。

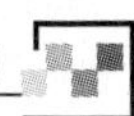

环境金融是在金融学与环境经济学结合的基础上发展而来的，环境经济学的主体理论也决定了环境金融发展中政府与市场关系这一中心，市场化必然也是环境金融理论和实践的发展方向。

2.2.3 政策性金融功能观

金融功能观（functional perspective）是由博迪和默顿于20世纪90年代初提出的对金融机构和金融市场的新分析框架，是相对于传统的机构观点（institutional perspective）金融分析范式的重大转换。金融机构的形式是以功能为指导的，金融机构之间的创新和竞争将导致金融体系功能效率的提升。功能观认为由于金融功能随时间和经济体的变动较少，金融功能比金融机构更为稳定。在长期内，金融中介机构所履行的功能远比它们在某个具体的经济中采取的形式和开展的业务要稳定得多，而且机构形式的变迁将最终由其所履行的功能决定。

在金融功能问题的研究方面，传统上国内外（尤其是国外）学者着眼于商业性金融的功能观，而很少把政策性金融功能包括在内。我国学者白钦先（1999）指出政策性金融具有六大功能，即直接扶植与强力推进功能、逆向选择功能、倡导与诱导功能、虹吸与扩张性功能、补充与辅助性功能、服务与协调功能等。政策性金融机构的运作和形式不断变化，但是其功能基本稳定。政策性导向与扶植功能是政策性金融首要的、最基本的功能，即政策性金融执行政府不同时期的经济产业政策、宏观调控政策、区域发展政策、社会稳定政策，对“强位弱势”特殊群体、地区和领域承担信用引导和扶助支持的责任和义务。政策性金融的核心性功能主要包括倡导和诱导基础上的虹吸扩张性功能、逆向选择功能与择机而退性功能。

首倡诱导与虹吸扩张性功能简称诱导性功能[①]，即政策性金融机构通过其拥有的信息优势、政策优势等有利条件，不断率先开创性发掘和引领新的投资机会和项目，并首先以较少的政策性资金直接做倡导性投资，然

① 白钦先，谭庆华.政策金融功能研究——兼论中国政策性金融发展［M］. 北京：中国金融出版社，2008.

后在此基础上以小博大，引致商业性金融机构“免费乘车”地跟随投资，从而间接地虹吸和引发更多的来自市场的商业性资金的功能。一旦商业性金融对某一产业和项目的投资倾向高涨起来，政策性金融机构再转移投资方向，并开始新的另一轮循环。这就形成一种政策性金融对商业性金融投资取向的首倡诱导与虹吸扩张机制。

逆向选择和择机而退性功能指的是：只有在商业性金融机构依据市场规律不予选择或无力选择的融资领域、行业或部门，政策性金融机构才介入发挥逆向于市场的选择功能，这能真正显现政策性金融的价值和存在的客观必要性。在市场逆向性选择的项目产生一定的经济效益和具备自我发展的能力后，政策性金融就要在适当时机并通过一定的方式，如资产转让、减少或停止投入等，尽快退出这一融资领域并转而扶持其他行业，以充分发挥商业性金融的市场融资主导作用。否则，就有悖于市场经济的公平竞争规则和政策性金融设计的初衷及其本质要求。

现有各国政策性金融的执行机构差异较大，并且还可能有调整变化，例如我国的三大政策性银行正在进行的定位改革。本书的政策性金融研究是基于政策性金融功能范式视角进行的研究，而不是基于机构观点的分析范式。

2.3 商业性环境金融相关理论

2.3.1 微观金融体系促进可持续发展的功能

金融体系在微观层面上包括商业银行和资本市场的两大支柱，其主体是商业性、私人性的金融机构，主要是商业银行和资本市场的机构投资者。

商业银行等金融中介是企业融资的最主要来源，以银行为代表的金融业和环境在多个方面存在着相互影响关系（Delphi/Ecologic，1997）[①]，具体体现：投资者，作为提供投资满足实现可持续发展需求的投资者；创新

① 转引自：Marcel Jeucken. Sustainable Finance and Banking：the Financial Sector and the Future of the Planet［M］. London：Earthscan Publications Ltd.，2002.

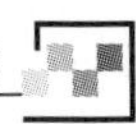

者，开发新的金融工具以激励可持续性的创新者；评估者，从环境和金融方面进行风险定价和回报评估的评估者；有影响力的利益相关者，作为企业放贷方和利益相关者影响政府和企业的环境行为；污染者，通过自身内部运营和资源使用而造成的环境污染；受害者，诸如气候变化等环境变化的受害者。

可持续金融研究专家Jeucken 认为银行在可持续发展中具有4个功能，即将不同规模、不同期限、不同地点和不同风险的资金进行转换的功能。Jeucken认为上述功能中，风险的分散和管理功能可能是实现可持续发展社会过程中最重要的一项功能。货币资金借款者和贷款者之间存在着信息不对称问题，其中就包括环境方面的信息。由于银行在经济部门、法规及市场方面的知识，银行拥有广泛和有效的贷款运作及信息的相对优势，所以银行在降低市场实体间的信息不对称方面发挥着重要的作用。银行可以通过评估和定价来降低不确定性。从风险的角度看，银行在可持续不同领域的利率差是合理的。如果银行能够更便宜地融通资金，银行信贷组合质量可以相对提高，则利差的范围可以增加。银行还可以更进一步根据促进可持续发展意愿来应用利差设计。政府可以通过税收激励等措施鼓励银行信贷中的利率差异，从而引导银行信贷的投放。通过银行的融资政策，银行能采取特殊的措施以有利于可持续性的企业发展。

资本市场是企业和政府机构通过发行股票、债券等金融工具实现直接融资的场所。对资本市场与可持续发展和绿色经济的关系，Steve Waygood ①（2011）认为可持续发展对投资者而言是个非常重要的概念，因为提供短期收益但是会产生重大长期成本的发展会降低长期投资组合的决定价值。Waygood指出资本市场对企业消费和产品生产的可持续性影响来源于两个渠道。第一个渠道是金融影响（Financial influence），资本市场股票和债券的交易影响上市公司资本的成本，公司融资缺口的大小将影响公司融资

① Steve Waygood. How do The Capital Markets Undermine Sustainable Development? What can be done to correct this［J］.Journal of Sustainable Finance & Investment，2011，6（16）.

的能力，从而限制企业活动的展开。而且，股票价值能影响董事会的决策。从可持续发展的角度看，如果市场有效性缺乏，这会导致企业环保责任等可持续行为信息不被投资者识别或支持，使企业的正面行为不能明显影响到投资者账户。因而直到投资者获得明显的收益之前，投资者都不会做出积极的反应从而降低具有可持续行为企业的融资成本。

资本市场对企业可持续性影响的第二个渠道是投资者主张影响（Investor advocacy influence）。资本市场失灵是指企业做出不利于环境和不可持续的行为，造成外部性时，资本市场不能发挥投资者的影响力，既不能推动企业股票持有者通过公司董事会的投票权影响企业运作，也没有推动债务性资本提供者发挥对企业的有限影响控制。因为大多数政府监管部门都没有采取措施将企业的环境外部性成本内部化于企业的财务报表，因而与企业的不可持续业务相联系的外部性不会在企业的财务报表中显示。所以股东等投资者根据企业的管理运作信息来行使主张权利时，不能发挥其投资者主张的影响力以引导企业环境责任等可持续行为。这是传统资本市场对企业环境影响行为的外部性不能发挥控制功能的市场失灵体现。反之，利用资本市场对具有环境外部性的企业行为进行揭示，将外部性内部化于企业信息中，例如企业社会责任报告公布的要求，则可以发挥投资者主张这一渠道的影响。

为发挥资本市场对企业可持续性行为提供激励和约束的功能，Steve Waygood指出政府干预的必要性，政策制定者需要在提高资本市场有效性，解决市场失灵方面做出政策调整措施。

2.3.2 企业社会责任理论

企业社会责任（Corporate Social Responsibility，CSR）的概念由英国学者欧利文·谢尔顿在1924年最早提出，此后CSR理论不断发展延伸，进入21世纪CSR已得到广泛认同。传统企业理论认为实现自身利益最大化即股东利润最大化是企业的唯一目标。而CSR观认为企业的本质是以盈利为目的，因此首先要创造经济价值，为股东和投资人赚取利润；但企业作为社

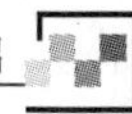

会经济细胞和经济社会发展的支撑点还要创造社会价值，承担对员工、社区、环境等社会责任。20世纪90年代提出的企业三重底线责任理论是企业社会责任理论的一个典型代表。“三重底线”（Triple Bottom Line）指的是企业必须坚持的企业盈利、社会责任和环境责任三个基本原则底线，企业要能可持续发展，最重要的是始终坚持三重底线原则。西方主流经济学者认为，企业的CSR行为最终会成就企业的市场回报，因此企业社会责任是一种有效的管理策略。

银行等金融机构由于其作为公共企业的特殊性，其在资源配置上具有特殊作用，这决定了金融企业社会责任的重要性。CSR理论的发展直接推动了资本市场社会责任投资理论和实践的发展以及金融机构企业责任理论及绿色银行的创新发展。

2.3.3 利益相关者理论

利益相关者理论（Stakeholder Theory）也是责任银行和社会责任投资发展的理论基础之一。该理论是在对美、英等国长期奉行“股东至上”公司治理模式的质疑中逐步发展起来的。利益相关者理论认为企业的所有利益相关者都向企业投入了专用性资本并承担了风险，股东不是企业唯一的所有者，应该考虑到其他利益相关者的利益要求。利益相关者理论主张在评价企业社会绩效的时候，不只是关注股东的利益，还要关注到公司员工、产品消费者和供应商等利益相关者的利益。商业银行的内部利益相关者有董事会、雇员和股东，外部利益相关者有供应商、客户、政府、社会、其他同行、竞争者、媒体和非政府组织等（如图2-2所示）。

商业银行在追求自身经济利益的过程中要受到利益相关者的制约。随着环保运动力量的增大，关注环境问题的客户、政府部门、社会媒体和非政府组织等利益相关者的影响日益增大，使银行无法回避其业务的环境影响。

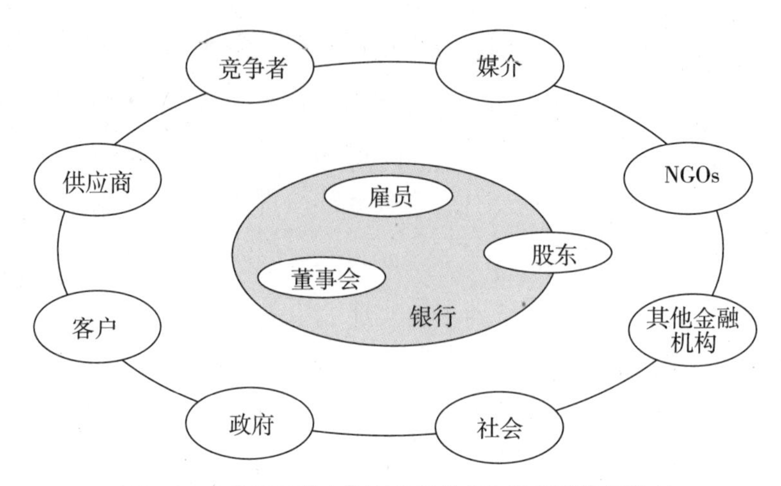

图2-2　商业银行的内部利益相关者和外部利益相关者

3 环境金融界定及市场导向趋势与动因分析

3.1 环境金融基本范畴

3.1.1 环境金融界定

3.1.1.1 环境金融内涵

环境金融（Environmental Finance）是近十多年来国际金融领域出现的新概念，是金融业应对环境保护和可持续发展而产生的产物。国内外学者从不同角度对环境金融进行了界定分析。Jose Salazar（1998）认为：环境金融是金融业根据环境产业的需求而进行的金融创新。《美国传统词典》（2000）认为：环境金融是环境经济的一部分，它主要研究如何使用多样化的金融工具来保护环境、保护生物多样性。Sonia Labatt 等（2002）认为环境金融是提高环境质量、转移环境风险的融资行为或过程。Scholtens[①]（2006）认为：作为应对环境变迁、促进可持续发展的重要手段，环境金融旨在通过最优金融工程解决全球环境污染和温室效应的问题，发挥金融对企业经营政策及实践的强有力规制作用，促进经济、社会、环境的和谐统一发展。张伟（2009）认为环境金融是针对环境保护，以及为推动环境友好型产业发展而开展的投融资活动。

环境金融具有明显的绿色特征，因此又被称为“绿色金融”（green finance），绿色金融的概念在实业界相对更为通俗普及。安伟（2008）对

① 转引自何德旭等. 创新、风险、保障：中国金融发展安全观［M］. 北京：社会科学出版社，2012.

绿色金融内涵的国内外代表观点进行了综述，认为绿色金融比较有代表性的观点有四种，一是《美国传统词典》（第四版，2000年）的解释，将绿色金融称之为“环境金融”或“可持续融资”；二是指金融业在贷款政策、贷款对象、贷款条件、贷款种类和方式上，将绿色产业作为重点扶持项目，从信贷投放、投量、期限及利率等方面给予第一优先和倾斜的政策；三是指金融部门把环境保护作为基本国策，通过金融业务的运作来体现“可持续发展”战略，从而促进环境资源保护和经济协调发展，并以此来实现金融可持续发展的一种金融营运战略；四是将绿色金融作为环境经济政策中金融和资本市场手段，如绿色信贷、绿色保险。安伟（2008）认为绿色金融的基本内涵就是，遵循市场经济规律的要求，以建设生态文明为导向，以信贷、保险、证券、产业基金以及其他金融衍生工具为手段，以促进节能减排和经济资源环境协调发展为目的的宏观调控政策。

由主要国家政策性银行参与组成的国际发展金融俱乐部（IDFC）的官方报告（2011）[①]中指出：绿色金融是一个广义范畴的概念，包括对可持续发展项目、环境产品进行的金融投资，以及鼓励经济可持续发展的政策。绿色金融包括但不仅限于气候金融。IDFC 从政策性银行及国际间合作实践角度，将绿色金融分为绿色能源和温室气体减排领域、适应气候变化领域以及其他环境目标等三个主题。

从上述对环境金融和绿色金融的界定可以看出，不同研究者使用环境金融概念的侧重点不同。有的是从国家宏观管理的角度研究推动环境保护的金融管理政策，有的是指微观金融在环境保护前提下的金融工具、经营管理等方面的活动。环境金融概念中，环境保护是前提，金融业是主体根本，由此环境金融的内涵应该包含两个层面：一是金融业对社会发展和环境保护的推动，二是金融业从中获得的新业务范畴和新利润增长。前者是政府宏观金融管理的目的，后者则是微观金融体系自发性市场行为的动力所在。

① 国际发展金融俱乐部发布官方报告（2012），http://www.idfc.org/Default.aspx。

 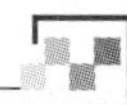

结合国内外学者的研究和界定，本书认为，环境金融是金融业应对环境保护需要而产生的金融模式，它包括金融管理部门从环保角度重新调整的管理政策和管理手段，以及金融机构和金融市场应对环保需要而调整、创新的经营理念、金融产品、业务流程和市场结构。环境金融是金融产业在促进经济发展与生态协调中实现自身发展的金融活动。从环境保护的宏观管理角度看，环境金融是融通环境保护所需要资金的所有金融工具和金融管理手段，从微观金融的角度看，环境金融是金融机构和金融市场应对环境风险和机遇的金融工具和金融业务。

作为一个产生及发展仅十多年的金融领域新课题，环境金融自身就是一种金融创新，是金融界面对低碳经济发展和环境保护的新要求和新市场机遇而产生的创新。所以从金融创新的角度，本书认为环境金融就是金融管理当局和金融机构在低碳经济发展和环境保护目标下，为实现环境相关金融资产的流动性、安全性和盈利性目标，利用新的观念、新的技术和新的管理形式来改变金融体系中基本要素的搭配和组合，推出新的工具、新的机构、新的市场、新的制度，创造和组合一个新的资金营运方式或营运体系的过程。

3.1.1.2 环境金融发展的特征

相对于传统金融，环境金融发展创新具有以下两个方面的特征，即环境金融是建立在可持续发展观的基础上，政府的干预是其必要的构成。

（1）环境金融以可持续发展观为基础

环境金融是可持续发展观与金融产业发展结合的产物。可持续发展同时考虑经济、环境、社会三个方面的发展。金融业在可持续发展的目标下，将社会、生态和经济增长的有序协调发展融入自身，从而产生可持续金融这一创新模式。可持续金融包括金融业对社会发展和环境保护的推动以及金融业从中获得的发展两个方面，反映了金融业与社会、生态环境良性互动的发展关系。

环境可持续是可持续发展的重要核心，环境金融涵盖于可持续金融范畴之中。由此可以看出环境金融与传统金融的区别所在：环境金融的产生是以环境不可再生或环境容量非常有限为假设前提的，而传统金融一般不涉及环境问题，没有环境资源的约束，是假设环境可再生或者环境容量无限大。环境金融建立在环境问题的基础上，它更强调维护人类社会长远发展利益的环境保护，在促进经济发展和环境保护的协调中获得金融产业的创新和发展。

可持续发展目标对环境保护的要求主要体现为污染控制、控制温室气体排放、保护生态环境和生态物种多样化等。所以，环境金融所形成的金融资源导向和金融产品创新应包括两个方面：一方面是对传统业务中涉及高污染、高能耗和破坏生态环境的业务进行控制、规避，形成金融市场的反向选择的影响；另一方面是对节能减排和有利于生态物种多样化的项目进行融资支持。通过对可再生能源、清洁生产等项目进行正向性选择的金融创新，可以发挥环境金融发展对低碳环保经济发展的推动作用，并促进金融业务的新增长。

可持续金融的概念不同于国内一些政策研究中提及的“金融可持续发展”。例如丁剑平、何韧关于“2003年中国金融可持续发展研讨会”的综述中指出，中国金融可持续发展的关键在于完善资本市场、稳定人民币汇率和深化商业银行改革，中心问题是培育发展有效的金融市场。笔者认为，上述对金融产业可持续发展的理解没有脱离传统金融发展的概念范畴，其研究范畴是针对金融业自身发展而言，是针对我国金融业发展的阶段性不完善而提出的研究建议，没有凸显“可持续发展”这一概念的背景和本质，和国际上通常与地球资源、环境保护相结合的可持续发展概念外延还是有一定差别的。所以，仅考虑金融业自身规律而未考虑环境资源的限制前提不是环境金融，而仅考虑环境或社会因素而忽视与金融机构经济因素的联系也不是可持续金融的概念范畴。

另外，企业社会责任观是可持续发展观的具体延伸；社会责任观对微观金融活动的影响也日益明显，例如社会银行（social bank）、伦理银行（ethical bank）、责任银行、道德银行、责任投资（responsible investment）、伦理投资（ethical investment）等金融创新的出现。环境金融

的产生和发展包含银行业和金融投资领域的环境责任相关创新，和上述金融创新的概念可能有相似或交叉的地方。但是这些社会责任型金融创新也可能只是体现传统伦理道德团体所主张的社会伦理性标准，而环境金融突出的是环境保护的社会责任标准。

（2）政府干预是环境金融发展的必要构成

根据主体的不同，金融创新可分为管理创新和市场创新。管理创新又叫公共创新，主要来自公共部门，是政府为了达到管理的目标而做出的，涉及资金流动和货币政策执行以及在金融立法和管理条件方面的明确变化。市场创新又叫商业性创新、私人创新，是金融市场上自发涌现出的新的金融产品、金融工具或金融服务。商业性金融创新是由市场主导的金融业改革，金融当局对这些新的金融活动一般不存在事前控制①（喻平，2009）。

作为一种金融创新，环境金融发展从创新主体而言也可分为管理创新和市场创新两个基本类型，即环境金融发展包含金融管理的宏观层面和金融机构与金融市场的微观层面。但是就政府与市场的关系而言，环境金融发展相对于传统金融创新具有一定的独特性，政府金融政策管理对微观层面的环境金融活动存在一定的事前控制。

从环境金融产生发展的理论背景及国际国内实践都可以看出，政府干预是环境金融发展的必要构成。现代经济发展模式下形成的经济增长和环境保护的冲突是由于市场失灵和市场扭曲造成的。实现可持续的经济增长需要政府的介入，以矫正市场失灵和市场扭曲，实现政府有效介入和市场机制灵活功能发挥的有效结合。同样，金融业在环境领域也存在市场失灵，必须有政府的介入加以矫正。所以，可持续发展目标下的环境金融产生及发展具有政府介入的特征。这在环境金融产生和发展的前期阶段尤为明显，即在金融市场对环境金融的认识和接受还处于初级阶段时，政府的引导更为重要，所以金融当局对金融机构的环境金融创新存在一定的事前

① 喻平，胡国晖. 货币银行学（第2版）［M］. 武汉：武汉理工大学出版社，2011.

控制，并且这一事前控制对金融市场行为具有重要的引导作用。

基于对传统发展观下所出现问题的反思和环境资源问题的迫切压力，可持续发展思想得到国际社会的普遍认同，并在国际协议或国际组织安排中推广。众多国家也以此作为国家经济发展的战略调整方针，从政策规制、产业发展战略等方面制定具体的政策措施，引导金融机构的业务调整，并通过财政、金融手段直接或间接改变金融机构行为，激励金融机构自发进行环境金融创新。所以，环境金融发展中宏观层面的政策管理手段创新和微观层面的金融创新活动之间有密切的联系。

我国经济改革模式具有明显的政府引导、主导的特点，金融领域应对低碳经济的创新更具有明显的政府引导的特点。为加快转变经济增长方式、推动经济结构调整、应对资源环境压力以及在国际气候谈判中发挥更加积极的作用，我国政府制定了明确的节能减排和低碳经济发展目标。为此金融管理当局创新金融管理政策，提供合理的技术路径和资金予以支持低碳经济发展，并促进微观金融机构参与环境金融业务。金融机构在政府管理政策的约束和引导下，逐步接受和开展环境金融业务，创新金融产品和服务。因而，在当前环境金融发展所属的初级阶段，我国微观金融机构环境金融发展的政府事前控制、引导明显。

3.1.1.3 环境金融的主要构成

在环境金融的主要构成内容方面，目前国际上常见的划分主要有两种方式：第一，按照环境专题划分，主要包括气候金融、碳金融、能效金融、水融资等；第二，按照金融部门划分，包括绿色银行、绿色保险、绿色证券等。一项环境金融业务可能同时属于几种不同标准下的类别，比如按照部门划分的绿色银行、绿色证券投资等，也会涉及气候金融、碳金融类别的创新，同时这些部门的环境金融也都有宏观管理及微观运作的层面。

（1）绿色信贷及环境责任投资

商业银行信贷融资和资本市场权益投资是低碳环保产业发展和应对气候变化的主要商业性资金来源渠道。

 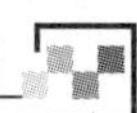

商业银行的信贷业务对低碳环保产业具有重要的支撑作用，其业务以环境可持续发展为原则。由于环境金融的绿色特征，基于环境责任的银行信贷又常常被称为绿色信贷（greencredit）。

根据环保总局、人民银行、银监会颁布的《关于落实环境保护政策防范信贷风险的意见》（2007），绿色信贷指的是对银行贷款的要求："对不符合产业政策和环境违法的企业和项目进行信贷控制，通过行政手段限制高污染、高能耗企业的贷款额度、判定贷款资格，以此遏制'双高'产业的盲目扩张。"这一定义表现了银行绿色信贷对高污染、高能耗产业逆向性选择的一面，但是缺乏对清洁技术、新能源等低碳环保产业正向性选择的另一层面，反映的是商业银行绿色信贷发展初期阶段的特点，即商业银行绿色信贷发展初期的政策引导和管理的侧重点在于规避、限制。国家环保部政研中心在《中国银行绿色信贷发展 2010 报告》中指出，绿色信贷是指利用信贷手段促进节能减排的一系列政策、制度安排及实践[①]。中国银监会2013年《关于开展绿色信贷统计报表填报工作的通知》中列出了绿色信贷的指标口径，用列举的方式指出了绿色信贷政策引导的信贷投放领域，包括：商业银行和政策性银行对研发与生产治污设施、从事生态保护与建设、开发与利用新能源、从事循环经济生产、绿色制造和生态农业的企业或机构提供投资贷款。从中国银监会2007年到2013年法规中定义的变化可以看出，我国金融监管当局对绿色信贷的定义是从侧重于"退出""两高"产业发展到鼓励"进入"节能减排领域。绿色信贷要求银行从破坏、污染环境的企业和项目中适当抽离，并主动或在政策引导下进入低碳环保企业和项目。

相对于传统的信贷管理，"绿色信贷"的核心在于把环境与社会责任融入贷款政策、贷款文化和贷款管理的流程之中，其中信贷业务的环境风险管理是关键。一方面，银行绿色信贷中存在由于客户经营活动可能带来耗能、污染、破坏生态等环境问题而引发的环境法律责任，进而波及银行

① 国家环保部政研中心《中国银行绿色信贷发展 2010 报告》。

信贷资产安全或导致银行承担连带责任；另一方面，绿色信贷涉及较多新产业新技术领域，银行面临新类型客户或贷款项目的环境相关信贷风险，所以绿色信贷业务的创新发展中，环境风险的识别、评估、量化定价和管理是银行绿色信贷发展的关键。由上述分析可以看出，发展商业银行绿色信贷对环保节能领域的正向支持作用有两个渠道：第一，国家通过政策激励引导商业银行在信贷审核中更多地将资金流向环境友好型行业和项目；第二，银行自身为应对环境风险和把握环境机遇而进行的绿色信贷业务管理。

资本市场环境责任投资的主要形式是近十几年来在国际资本市场发展迅速的社会责任投资。所谓社会责任投资（Social Responsibly Investment，SRI）是一种在经济分析的范围之内考虑投资在社会和环境方面积极和消极后果的投资过程（美国社会责任投资论坛，SIF， 2005）。亚洲可持续发展投资协会（ASrIa）指出社会责任的投资者在投资时考虑了更广泛的因素，比如社会公平、经济发展、和平和健康的环境，以及传统的财务回报因素。SRI不同于传统的投资理念，即除了要严格考虑被投资对象的经济（财务）绩效外，还要将社会和环境标准纳入到具体的投资决策过程中，并试图实现投资者在经济、社会和环境方面的三重盈余。一些国家交易所对上市公司提出履行企业社会责任（CSR）的要求时，通常在环境、社会责任和公司治理（Environmental，Social and Governance ，ESG）方面提出标准和要求，所以社会责任投资也常被认为是考虑投资对象ESG履行状况的投资。

资本市场上社会责任投资的主要形式是SRI基金和理财专项账户等，社会责任投资的实现方式主要有三种：投资组合筛选、股东倡导和社区投资。投资组合筛选是最主要的方式，包括消极筛选和积极筛选。消极筛选是指投资者在选择投资对象时尽量避免投资于对环境和社会有不良影响的公司，通常避免的投资行业有烟草、酒精、赌博、武器以及某些高污染等行业。积极筛选方式选取对社会和环境有正面影响的公司，常见的筛选标准包括环保技术、公司治理结构、劳资关系等。股东倡导是指股东作为

 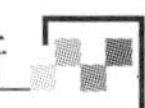

公司的所有者通过各种方式影响企业的行为，促使企业承担社会责任。另外，欧美的机构投资者对社区投资的关注更多，SRI也较多体现社会性的标准。

从定义和国际实践可以看出，虽然也有社会责任投资可能更偏向伦理责任，但是环境责任通常是社会责任中最常见最主要的一项责任。虽然市场上也有一些专门专注于环境责任的SRI 基金品种，但在国际证券市场研究中通常以社会责任投资（SRI）这个整体进行研究。所以本书以社会责任投资（SRI）的发展来反映环境责任投资，由此分析资本市场的环境金融发展。

（2）气候金融、碳金融

气候金融和碳金融是两个尚在发展中的专题，因其金融属性日益明显而成为环境金融发展的构成部分。

气候变化对全球环境和经济的影响已经得到大多数国家和机构的认同，国际上应对气候变化的行动主要分为[①]减缓气候变化（Mitigation）和适应气候变化（Adaptation）两大类别，实现减缓和适应气候的关键问题之一是资金。国际气候谈判中发展中国家主张的共同但又区别分担的原则，如何解决应对气候变化的资金问题成为国际气候谈判、国际经济金融领域的新课题，气候金融（Cimate Finance）这个概念由此产生，有时也被称为气候融资。《联合国气候变化框架公约》中对气候金融的定义是：帮助发展中国家减缓和适应气候变化影响的资金。《联合国气候变化框架公约》下的“气候政策项目”中的定义是：发达国家和发展中国家为减缓和适应项目所投入的成本被广义地称作气候融资（5CPI，2011）。国内学者王遥（2012）认为气候融资这些观点体现了国际气候谈判进程中的讨论和博弈。从发展中国家视角来看，气候融资包括气候资金从发达国家向发展

① 应对全球气候变暖的策略上，减缓（Mitigation）指用于减缓地球暖化的措施，主要集中在能源领域、工业生产过程、城市废弃物排放、农业和林业等方面。适应策略（Adaptation）提出较晚，指的是如何应对极端气候的出现，主要针对农业、水资源、森林及其他自然生态系统、海岸带及沿海地在极端气候下的适应。

中国家的转移，以及发展中国家内部的气候融资。气候组织和中央财经大学项目研究报告（2012）中也是用气候融资这一概念指代我国应对气候变化的资金来源和分配管理体系，但是该报告在论述国内资本市场对国内气候融资部分时，用的是“气候金融”这一提法。台湾学者黄宗煌在研究利用国际资金和发展本地资本市场和公私合作应对气候变化的报告中也是用“气候金融”这一名称。

综合国内外研究和运用现状可以看出，气候金融是应对气候变化的金融创新。由于气候融资在国际谈判中还处在发展中国家对发达国家承担义务和履行兑现方式的博弈中，重点还是在于来自发达国家公共财政的支持承诺及安排，在国内领域也主要是国家财政资金体系下各产业部门的资金使用管理问题，所以气候融资还处在以公共财政领域为主的时期。从长远发展看，公共资金作为应对气候变化融资的一个主要来源具有不可替代的重要地位。但是，气候融资特别是国内融资部分尤其需要大力发展国内资本市场等私营资金来源的力量，公共财政和政策性金融在此领域需要进行管理创新，带动金融市场应对气候变化的投资行为，并向着使来自金融市场和碳金融市场的资金成为主要部分的方向发展。

此外，按照全球气候谈判达成的发达国家对发展中国家提供资金的安排，国际金融公司、世界银行、欧洲和亚洲的发展银行等国际金融组织以及一些欧洲国家的政策性银行对援助发展中国家减缓气候变化作出了一些探索，这些机构如何以国际气候资金带动被援助国私人资金，以及和该国金融机构合作等经验对分析环境金融管理制度的创新有一定的借鉴意义。

碳金融市场（Carbon Finance）通常又被称为碳排放权交易市场，也是环境金融的一个新兴领域。随着对温室气体排放的控制，碳排放权代表一定的权益，将温室气体排放设置为可以交易的单位从而可以买卖，这就导致碳商品化（commoditization of carbon）。碳排放权市场不是交易有形的温室气体，而是交易温室气体排放的权利。曾经对任何人都是自由地可以排放污染的行为被赋予私有物品的特征，其交易价值来自其稀缺性。

由于《京都议定书》为发达工业化国家和经济转轨型国家设定了具有

法律约束力的温室气体减排目标，国际排放交易下的AAU、联合履约下的ERU、清洁发展机制下的CER 等碳排放权交易单位成为稀缺资源，因而被视为一种资产①。在当前《京都议定书》交易体系和非京都体系同时存在状况下，由于同时存在强制性配额交易和自愿性排放权交易的两大体系，碳排放权和碳单位属于商品资产还是货币资产，这在学术界和管理层面还有不同的倾向。

部分学者（Jillian Button，2008）认为碳单位具有商品的某些特征：可以以现货方式交易，也可以通过远期、期货合约进行交割。碳排放权交易类似于大宗商品交易，通常交易规模大，价格波动。

另一种观点是认为碳排放权单位相似于货币，因为其价值是建立在政府认可的基础上，而且碳单位和货币有诸多相似之处。国际碳市场也可以遵循类似于国际货币市场趋同的过程，不同的碳单位可以根据相对于“本位”的碳而认定价值，并且可以相互间浮动。2003年国际财务报告解释委员会（IFRIC）将碳排放单位界定为货币单位，认为碳排放单位和货币相似的理由是因为其价值来自于对义务责任的履行，其价值可以参照市场价格来确定。世界银行和国际金融公司这两大机构积极参与和领导了国际间应对气候变化的资金安排活动，这两个机构是在布雷顿森林体系下产生的货币金融导向的机构，而以传统的商品为导向的世界贸易组织（WTO）在应对气候变化中没有较多具体的行为。这一现状也表明在这两家货币金融导向机构的深度参与下，应对气候变化的碳排放权市场的金融驱动方向。由此，碳排放权交易市场可以定义为碳金融市场。碳金融市场的发展使商业银行和投资银行能够借助金融衍生产品原理和金融工程技术进行创新，开展碳排放权质押融资业务、碳金融交易经纪业务等环境金融创新。

① 《京都议定书》建立了旨在减排温室气体的三个灵活合作机制：国际排放贸易机制（International Emission Trading，IET），其设置的基于配额的交易单位为AAUs（分配数量单位assigned amount units）；清洁发展机制（Clean Development Mechanism，CDM），项目产生的减排量称为CERs（经核证的减排量certified emission reductions）；联合履约机制（Joint Implement，JI），项目产生的减排量称为ERUs（减排单位emission reduction units）。

（3）能效融资和新能源融资

能效融资和新能源融资都属于为实现节能减排目的的融资活动。能效融资（energy efficiency finance）主要是针对能源需求端提高能效和资源综合利用而提供的金融服务，目前主要的融资主体是项目业主的融资、节能服务公司融资和租赁公司融资。能效融资通常涉及钢铁、石化、有色金属、电力、煤炭、建筑、机械、交通、运输等行业的节能减排技改项目。新能源融资又被称为清洁能源融资（clean energy finance），主要针对能源供应端的清洁能源开发所提供的金融服务，包括风电、水电、核电、太阳能、生物质应用、地热等清洁能源发展的融资。在能效项目和新能源项目中，涉及的新技术研发又被称为清洁技术（Clean Technology，CT）。清洁技术开发融资具有高科技开发的风险以及环保市场发展不确定性等多种风险，其特殊的资金流量规律和风险结构要求创新性融资安排。

有些节能减排融资安排可以以传统的信贷活动形式进行，例如企业融资、消费信贷等。但是关于节能减排的能效融资和新能源融资更多属于项目融资形式。所谓项目融资是指以项目的资产、预期收益或权益作为抵押取得的一种无追索权或有限追索权的融资或贷款活动。项目融资不同于传统的以企业自身资信能力为基础，以企业本身为债务人进行的企业融资。节能减排项目需要银行提供贷款来支持企业降低能耗，减少碳排放，这种能源节约、减少排放等效果产生的现金流不是常见企业贷款中的运营收入，或者项目缺少支持贷款的抵押品，传统的企业贷款方式不能满足节能减排项目的融资需求，为此银行需要对能效项目和新能源技术项目提供创新型的融资产品。

本书将以商业银行和资本市场两个基本部门展开对商业性环境金融的研究[①]，这两大部门的环境金融都可能涉及气候金融、碳金融、能效融资等新兴专题。

① 本书研究未包含保险领域的环境金融创新。

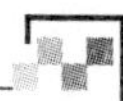

3.1.2　政策性环境金融及商业性环境金融

从实施的主体而言，金融可以分为政策性金融和商业性金融，它们是相互对称、平行并列的金融活动，体现了金融体系中政府和市场边界的划分。由此对应，环境金融也可以分为政策性环境金融和商业性环境金融。

3.1.2.1　政策性环境金融

政策性金融概念由白钦先教授（1989）最先提出，它是对应于商业性金融的概念。由于经济发展和习惯沿袭等原因，政策性金融在实践中还有一些相近或相似的概念，最典型的为“公共财政”（public finance），此外还有与公共财政相似的公共金融、公共投融资、财政投融资等。这些概念都包含了政府以财政金融手段来实现既定经济发展目标和社会发展战略的含义，都存在财政和金融的结合。很多情况下，政策性金融和这些概念存在交集。但是，二者都有狭义和广义的指代范围，所以并不能完全一一对应。更重要的是它们的侧重点和出发点是存在一定区别的：公共财政侧重于强调资金来源，强调财政性（或政策性），其手段多是外生的政府政策工具。而政策性金融具有政策性和金融性双重属性，政策性金融侧重于强调资金的运用方式，强调金融性（或市场性），对经济运行的内生性变量的影响和调控是它的一个重要领域。

国外关于政策性金融（policy-based Finance）的提法并不普及，类似研究多分别从公共财政（public finance）、公共投资（public investment）、中小企业发展等领域进行。在对低碳环保发展的政府融资支持的国外研究文献中，除了财税手段外，更主要体现在和金融机构、金融市场对接的业务和促进手段方面，“金融性”倾向明显，所以这些研究文献也是本书所研究的政策性环境金融的重要参考。

综合国内外研究，本书认为政策性金融可以从广义和狭义角度进行定义。广义的政策性金融指国家为了特定的经济目标而采取的金融手段，包括直接和间接的金融管理法规、财政投融资行为和政策性银行的运作。狭义的政策性金融特指政策性银行的管理运作。本书采用广义政策性金融的界定[①]。

政策性金融在环境金融中的体现就是政策性环境金融。政策性环境金融是政府为了实现低碳经济、节能降耗、促进经济结构转型和推动金融机构可持续发展而采取的一系列金融管理措施。政策性环境金融主要针对的是金融体系对低碳环保融资存在的市场失灵问题。市场失灵表现为两种情况，一是市场不选择，二是市场滞后选择。环保节能产业项目通常具有投入大、风险性高、回收期长、收益率可能偏低的特点，以控制风险追求利润最大化为理性的商业性资本不可能对其进行大规模投资，所以这些项目难以在市场化的融资机制下筹集足够的资金，由此体现为金融市场的失灵。但是这些节能环保项目对实现减排目标、保护环境并促进经济增长方式转变具有重要的意义，由此需要金融管理部门进行干预来解决或减少金融市场失灵的程度。

政策性金融机构是以国家财政信用为基础、政府直接管理控制、执行国家经济发展政策性目标的金融机构，它对应的是追求利润、自主经营、自负盈亏的商业性金融机构。目前我国研究中的政策性金融机构主要指的是我国现有的三家政策性银行：国家开发银行、中国进出口银行、中国农业发展银行，这属于狭义概念的政策性金融机构。

政策性金融机构也有一些其他相似概念，例如国际上使用的“公共金融机构”（Public-sector financial institutions），通常包括开发银行、发展银行等，它对应于私营金融机构（Private-sector financial institutions）。虽然各国政策性金融机构在开发金融和发展金融领域有不同的倾向和侧重，各国政策性银行的运营模式有所不同，名称上也有差异，但是这些金融机构都是利用政府的政策导向和资金资源向社会提供金融服务的机构。例如

① 开发性金融是政策性金融探索发展的新形式，李志辉（2010）认为开发性金融是以国家信用为基础的，介于政策性金融和商业性金融之间的金融形式。中国人民大学课题组（2006）认为开发性金融是传统政策性金融的继承与超越。由于开发性金融以国家信用为基础，并承担国家经济政策目标，所以本书基于广义的政策性金融定义也兼容开发性金融的相关部分。

德国国有开发银行、复兴信贷银行集团（KFW）等设计了许多创新性的项目和政策手段来支持能效改造和可再生能源的发展。此外，一些国际多边金融机构在全球气候金融领域的合作也都具有政策控制、资金来源以公共资金为主、以实现低碳经济发展战略为目标的基本特点，因此本书以“政策性金融机构”或“政策性银行”来统称这些金融机构，采用广义的概念范畴探讨政策性环境金融的执行主体。

3.1.2.2 商业性环境金融

商业性金融是与政策性金融对应的概念，又可以称为私人金融，指的是金融体系的微观层面。商业银行和资本市场是微观金融体系的两大支柱，金融机构以及金融投资者基于自身对收益、风险、流动性等目标而自主进行各种投融资活动。金融创新活跃是商业性金融的一个基本特征。商业性金融是金融体系发挥市场机制作用的基本渠道。在西方工业化国家，由于金融自由化以及相对发达的市场机制，其金融领域创新活动主要指的是商业性金融领域。

对应于政策性环境金融，商业性环境金融指的是微观金融体系针对环境可持续发展目标，基于风险管理和追求利润而开展的金融活动，主要包括商业银行环境金融业务和资本市场环境责任投资两大分支。开展环境金融业务的银行通常又称为绿色银行，绿色信贷是商业银行环境金融的主要领域。商业银行作为重要的信用中介，在信贷融资过程中具有信息优势和专业的风险管理能力，商业银行在处理信息不对称问题上的优势可以降低低碳环保项目及企业在融资中面临的信息不对称的阻碍程度，并通过商业银行专业的环境风险评估、信贷额度确定及利差设计等金融技术，在实现自身风险收益匹配原则的环境金融信贷业务创新的同时，也发挥了对可持续企业的融资支持功能。资本市场的环境金融发展主要体现为包含环境责任的社会责任投资方式（SRI）日益活跃，以及主要交易所在证券交易制度、信息揭示、交易指数方面进行的创新。在政府监管部门不断提高市场有效性及环境责任内部要求的框架下，资本市场投资者通过对企业环境责任及可持续发展信息的识别而做出积极反应，从而使资本市场为环境可持续企业通过发行股票和债券直接融资提供了市场支持。

在应对气候变化的商业性和私营融资行为中，除了金融机构和金融市场的传统平台外，碳金融市场也给企业和金融机构提供了利用金融创新交易来达到减排目标和创造利润的市场机制。

商业性环境金融和政策性环境金融概念的对应区分反映了环境金融概念范畴中政府与市场边界的划分和影响，政策性环境金融和商业性环境金融的创新发展活动通常能体现政府与市场边界变化的动态关系。

结合构成主题和参与主体，环境金融的构成关系可以通过图3-1表示。公共资金可以通过财政支出和政策性金融机构的渠道，对低碳环保和应对气候变化的项目进行直接资金支持，政策性金融机构也可以通过对商业性金融机构提供资金或资金担保等方式撬动商业性和私人性的环境性投资。金融市场债权类和股权类投资是低碳环保项目融资的主要来源，碳金融市场也成为商业性环境金融的一个新兴构成，而政府对碳排放权额度发放而获得的财政收入也可以形成政策性环境金融的资金来源。

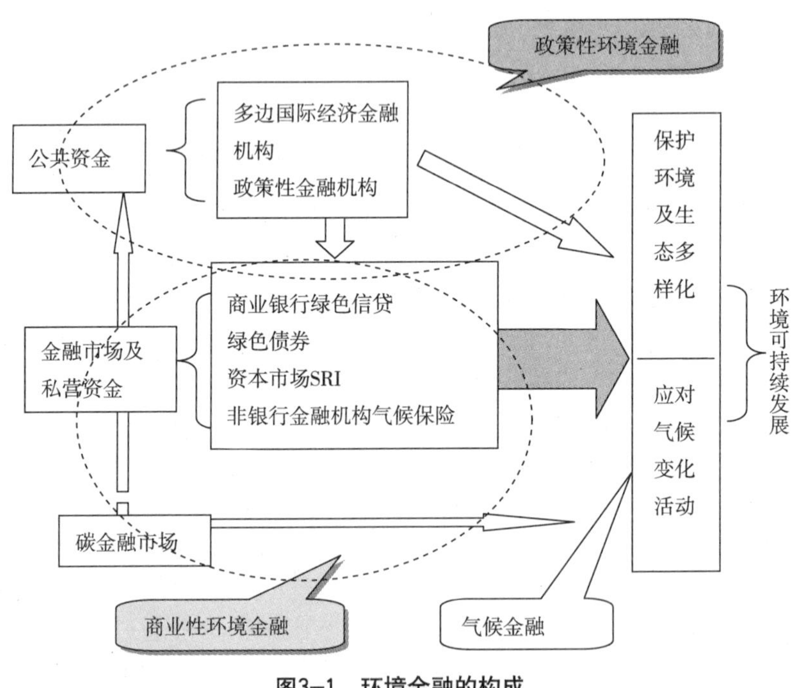

图3-1 环境金融的构成

金融创新包括金融管理当局基于宏观效率的考虑而进行的金融制度安排的变革，以及金融机构出于微观利益而对业务品种、市场交易等方面进行的创新。所以根据创新主体的不同，环境金融也可以分为宏观金融和微观金融两个层面的创新，即本书政策性环境金融和商业性环境金融的划分。

从金融创新的视角看，政策性环境金融是以促进国家低碳经济发展为目标，以国家财政信用为基础，运用直接或间接的手段引导资金投资于低碳经济相关产业的创新性金融管理活动。各国执行政策性环境金融的政策性银行的业务及运作模式差异多样，但是它们的共同特征是：政策性金融机构的业务领域是商业性金融机构和金融市场不能提供或不能全部提供服务的项目或企业。所以，政策性环境金融所涉及的领域是商业性金融发展不足的空间领域。

商业性环境金融指的是微观金融体系的环境金融创新，主要指商业银行和投资银行等金融机构基于追求利润、控制风险而进行的和环境保护产业相关联的创新业务。由于环境金融本身属于一个新兴的金融领域，所以商业性金融机构的环境金融业务本身就属于创新的产物，但是从金融创新的视角进行研究，可以利用金融创新等基本理论探讨环境金融发展的供求关系、动因和创新障碍，从而有利于进一步探讨促进商业性环境金融发展的对策措施。

3.2 市场导向型环境金融构成及趋势

根据政府与市场作用的不同，政策性环境金融和商业性环境金融都可以分别划分为两种类型，其中市场型的政策性环境金融和主动型的商业性环境金融都具有市场导向的特点。

3.2.1 市场型政策性环境金融

实现在环境资源约束下的可持续发展目标需要政府的干预和管理，这已经得到理论界和各国政府的共识。但是，政府如何有效地干预管理是需要在理论和实践中不断探索的重要问题。按照环境经济学的基本观点，政府环境管理的政策手段一般有两大类：即行政管制方法和市场方法。行政管制方法（command and control approach ）指通过制定规制或标准直接管制污染行为的政策。例如政府可以设定排污权定量或技术约束来直接控制污染。行政管制方法较为传统，奏效迅速，是大多数国家在缺乏环境管理经验，并且环保压力急迫的情况下首先使用的方法。但是行政管制方法缺乏灵活性，执行成本过高，对技术进步激励有限，而且可能产生微观主体的寻租规避方式而降低政策规制效率，并且受到财政资金有限性的约束，一旦出现财政资金断裂会造成微观主体行为的不确定。

政府环境管理的市场方法（market mechanism）是以激励为基础的政策，其目的是将环境损害的外部成本内在化，通过市场力量对环境质量赋值或污染定价，赋予环保产品和服务具有市场价值从而产生环保的激励作用。

环境政策的市场方法有时又称为经济手段或价格手段，是以市场化为方向的管理工具，所以属于基于市场的工具（Market-based instruments），可以简称为MBIs。环境管理的市场化管理工具（MBIs）包括三大类别：价格型工具（price-based）、权利型工具（rights-based）和市场摩擦型工具（market friction）（见表3-1）。这些市场化环境管理工具的共同特征是：MBIs能利用市场力量，通过改变公司和个人的利益关系而达到有利于环境的结果。

表3-1　环境管理的市场化管理工具（MBIs）

手段类别	常用方式
价格型工具	排放物收费、使用者收费、补贴、环境税等
权利型工具	可交易配额、可交易排放权等
市场摩擦型工具	降低市场交易障碍、教育宣传、标签认证、信息披露等

相比而言，市场型工具（MBIs）比管制型手段更具有优势。传统的管制型政策工具缺乏灵活性，所有企业被要求执行同样的法规以达到同样的减排结果，但是各家企业的内部运作和成本结构是不同的。当企业执行同样的人均排污控制量时，不同企业在技术专长、投入构成、生产产品上有

很多差异，从而执行管制型政策的成本和收益是不同的，具有劣势的企业可能会寻求规避等方式应对，而具有相对优势的企业因为没有额外的经济利益也不会积极发挥自身优势增加控制污染的减排量，其先进技术也因为缺乏激励而发展迟缓。

MBIs手段针对同样的环境管理整体目标，但是通过市场机制给企业提供了可以基于自身收益而进行选择的机会。具有节能减排成本相对优势的企业可以进行更多的活动，从社会整体而言达到了节能减排的政策目标，但是政策的执行成本更低。而且，MBIs能激励在节能减排技术及管理上有优势的企业进行更多的经济活动，从而有利于节能减排新技术的推广发展。

政策性环境金融作为政府环境政策的一部分，根据市场和政府作用的不同，政策性环境金融也可以分为管制型和市场型两个类别。

管制型政策性环境金融指政府利用金融立法或行政力量直接控制金融资源的流向，以达到环境管理目标的金融管理新法规和手段。例如，我国金融监管部门对商业银行提出绿色信贷的法规政策，限制金融机构进入高污染高能耗企业，或制定金融机构必须达到的节能减排贷款的额度。这些管理对国家控股的国有大型银行的影响力更为明显，使这些银行能制定和执行“环保一票否决”的信贷管理创新，从而执行金融监管部门的退出“两高”行业的法规要求。证券监管部门对“两高”行业可以制定入市和退市的硬性规定。除此之外，政策性银行利用公共财政来源的资金对节能环保行业的直接贷款融资业务也是属于行政管制型环境金融管理手段。

市场型政策性环境金融指的是以市场激励为基础的环境金融管理手段创新，它通过改变商业性金融机构面临的环境风险和收益结构，激发商业性金融机构了解、接受和自主拓展环境金融业务。

市场型政策性环境金融工具主要指的是各类在环境金融管理领域的MBIs，这些手段主要有：（1）政策性金融机构对商业性金融提供机构的贴息、担保等，这些手段属于价格型工具，通过改变低碳环保项目的风险、收益结构而改变环境金融的供求关系，从而引导和带动商业银行和资本市场资金的进入。（2）创新可交易的金融产品，例如可交易碳排放权所衍生的碳金融市场，以及引导和要求资本市场环境责任投资品种的出现和普及。这些属于权利型MBIs。（3）减少环境金融市场摩擦阻碍的措施，例如编制社会责任投资指数、规定上市公司社会责任披露等环境金融信息机制的创新。此外提供技术培训指导、与节能标签认证和环保信息平台建设等部门合作也是减少环境金融市场外部阻碍的创新措施。这些环境金融管理中的MBIs通过微观金融体系的力量，改变商业银行和资本市场投资者的风险收益结构，从而达到引导商业性环境金融发展的效应。环境金融领域市场化管理工具作用机制核心在于：MBIs通过市场化的风险补偿机制和资金融通机制，改变商业银行和资本市场投资者的风险收益结构，防止因风险不确定和投入产出不对称等原因引发商业性金融对具有明显环境公益价值和潜在市场价值的节能环保活动的不作为。

从上述分析可以看出：管制型的政策性环境金融属于政府主导控制的金融管理，而市场型的政策性环境金融立足于市场力量的作用，针对的是对商业性环境金融的激励引导，因而市场型政策性环境金融可以称为市场导向型的环境金融管理政策。

3.2.2 主动型商业性环境金融

以金融创新理论为依据，根据创新是否主动，金融创新可以分为防御型创新和进取型创新。防御型金融创新是由于需求方面环境和交易成本的变化，迫使金融机构采取创新以防御各种不利的金融环境，以保持自己的市场份额。而进取型创新是金融创新主体为寻求更大的发展，对现有金融资源进行拓展与开发以获取超额利润的创新。

20世纪80年代在金融自由化浪潮的影响下，西方国家金融监管普遍放松，金融领域的创新主要表现为微观金融领域的活跃创新活动，这些金融创新活动基本都是商业性金融自主激励自发进行的。环境金融的产生和发展不同于传统金融创新的一个基本特征就在于，环境金融发展存在一定程度的政府事前控制和引导，政府干预对商业性环境金融的影响不可忽视。商业银行等金融机构开展环境金融可能是基于政府法规及行政管理要求而

被动进行的，也可能是商业银行追求商业利益而主动进行的，所以根据金融创新是否主动，商业性环境金融也可以对应地分为两部分：防御型或规避型环境金融以及进取型或主动型环境金融。

我们也可以借鉴可持续金融专家Marcel Jeucken的可持续银行发展阶段论来探讨商业性环境金融的发展规律。Jeucken的可持续银行阶段论也是建立在金融机构对待环境问题态度的基础上。Jeucken从广义的角度谈及银行，包括存款性金融机构（商业银行为代表）和非存款性金融机构（包括证券市场机构、保险机构等）。Jeucken认为环境与经济的关系是可持续金融最重要的内容，所以Jeucken的可持续银行发展阶段论实质就是商业性金融机构对待环境金融的态度，并由此进行的金融创新。

Jeucken把银行业对待可持续发展的阶段分为抗拒阶段、预防阶段、主动阶段和可持续阶段等四个阶段。

第一阶段为抗拒阶段的银行业（defensive banking）采取防守的姿态，基于其自身直接或间接利益被政府的环境和可持续发展相关措施威胁时，银行采取跟随或竞争于政府措施的策略。银行认为内部环境因素的考虑不能节约成本，银行视环境因素是增加成本而非盈利的来源，所有的环境法律法规都被视为对其业务的威胁。

第二阶段为预防性阶段的银行业（preventive banking），不同于第一阶段，银行开始发现潜在的成本节约渠道，通过关注内部环境问题而节约成本，例如银行内部营运开支方面和外部环节的成本节约，对信贷发放中和环境风险相关的风险和投资损失进行控制。银行在内部管理措施方面进行变革，将应对政府环境管理法规所引起的成本和风险都组合到银行业务的运作中，以达到预防和规避损失的目的。由于各国普遍执行的环境法律法规都能对银行活动产生先决条件的直接或间接控制，对大多数银行而言预防性阶段银行是不可避免的。

第三阶段为主动性银行业（offensive banking），银行采取主动进攻性策略，在特定产品和某些迅速增长的环保技术市场发现新的市场机会。银行通过寻找可以和其他投资放贷进行比较竞争的环保相关业务盈利机会，进而主动进行环境金融的创新。

第四阶段为可持续银行业（sustainable banking）。由于社会对环境负面效益定价政策的进展，银行可以将所有活动设定量化的先决条件，这样银行进行的有利于环境的金融业务创新就具有正面的经济效益，从而实现银行经济效益和社会环境效益的双赢。所以这个阶段的金融机构自主性的环境金融是可持续的。这个阶段和第三阶段的区别就在于经济及社会是否将环境负面效应进行了定价，只要社会没有将所有的环境负面效应进行定价，可持续性银行和主动进攻性银行业就存在差别。由于对所有环境负面效应进行定价的难度和大多数国家所处的初级阶段，现阶段的金融机构环境金融较少达到这个程度。

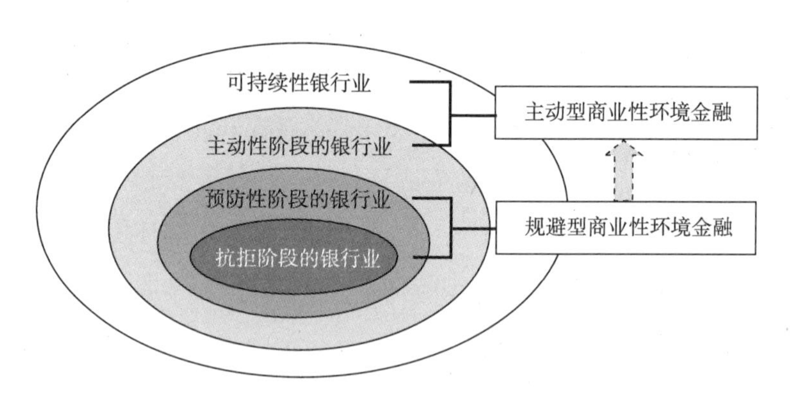

图3–2　规避型与主动型商业性环境金融

图3–2展示了银行业可持续发展的阶段。从可持续银行业的发展阶段可以看出，商业性环境金融发展的初始阶段主要是应对政府环境政策管理和规制性手段而产生的规避性反应，是金融机构被动履行环境责任而采取的金融产品和服务的创新。由于金融监管部门对信贷资金投放的限制而导致信贷需求环境的变化，或者是由于环境法规的严格要求而使银行可能蒙受环境责任的风险，由此造成对银行不利的结果。比如银行认为金融监管部门对高污染企业贷款的一票否决的法规导致银行信贷需求变小，业务流失。投资银行因证券监管部门对高污染企业入市和退市的硬性规定而导致投资银行业务需求减少。金融机构视这些外部因素为对自身不利的负面因

素，因而采取抗拒或防御的态度来应对，由此进行的金融机构管理和业务品种创新可以定义为“规避型”环境金融。上述银行可持续发展中的抗拒阶段和预防阶段的金融变革都属于规避型，规避型的商业性环境金融具有明显政府主导的特点。

当金融机构视环境问题为业务发展获取超额利润的机遇，银行为追求更大发展和更多市场份额而主动积极地挖掘低碳经济发展的新市场机会，由此进行的金融创新可以定义为“主动型”商业银行环境金融。在图3–2所示的可持续银行发展的主动性银行业阶段和可持续性银行业阶段，商业银行的环境金融发展都是基于利润追求、业务发展而自主激励主动进行的创新，所以都可以称为“主动型”商业性环境金融。商业银行和投资银行等金融机构是以追求利润最大化为目标的商业性金融机构，当环境金融成为金融机构的主动和自发行为时，这个阶段的环境金融由于符合金融机构自主经营、追求盈利的经营原则而成为金融机构普遍和常规的业务，例如绿色信贷等绿色金融业务成为商业银行的常规业务，环境类社会责任投资成为资本市场的主流投资方式。主动型商业性环境金融是商业性金融机构基于风险和收益主动自发进行的市场行为，所以是市场导向型的环境金融。

3.2.3 环境金融的市场导向发展趋势

根据政府与市场作用的不同，政策性环境金融可以分为管制型和市场型，商业性环境金融可以分为规避型和主动型，这是一种静态的分析。其中，管制型的政策性环境金融和规避型的商业性环境金融都是由政府主导或控制的，而市场型的政策性环境金融和主动型的商业性环境金融中，市场作用则是决定性因素，所以市场型政策性环境金融和主动型商业性环境金融都属于市场导向型环境金融。从发展动态的角度看，环境金融发展领域中政府主导的作用空间会逐步减少，市场力量决定的环境金融创新会逐步增多，所以环境金融发展呈现出市场导向的发展趋势。

（1）政策性环境金融的市场导向趋势

从环境政策的国际发展来看，市场型政策工具（MBIs）比管制型政策工具具有更多的优势，西方工业化国家正在逐渐把市场方法纳入环境政策计划，将以激励为导向的市场方法与传统的行政管制方法结合，并逐步扩大市场化手段的运用，市场型政策运用已经成为当前环境政策的主要发展趋势（Scott J. Callan，2006）。现代市场经济处于以市场机制为主导，政府又进行适当干预的混合经济时期。加强市场机制的作用也是我国经济体制改革的目标。我国政府要实现经济增长与环境并重的转变，就要实现“从主要用行政办法到综合运用经济、法律和必要的行政办法解决环境问题的转变”，即逐步增加解决环境问题的市场化手段也是我国经济改革的发展趋势选择。所以在环境金融管理手段中也需要区分行政管制型手段和市场化手段，并探索逐步增加市场型环境金融管理工具的方法。

在环境金融政策管理领域，市场型手段具有相对于管制型手段的优势。例如绿色信贷的政策工具中，金融监管部门通过行政法规限制银行对高污染和高能耗企业的贷款投放，从而达到退出“两高”领域的目标。这种直接控制银行资金流向的措施属于管制型措施。但是对于倡导银行信贷进入环保节能领域的管理而言，管制型手段则无法有效地激励金融机构主动进行环境金融的业务创新。如果金融监管部门对金融机构制定较为苛刻严格的节能环保产业信贷投放额度指标，信用风险和产品管理能力较差的银行可能会出现盈利性方面的损失，甚至是环境风险引发的流动性风险或呆坏账问题，这将对金融监管者带来存款保险、流动性危机防范和金融体系稳健管理的监管成本。另外，如果金融监管部门兼顾一般银行的信贷业务环境风险管理水平和创新能力，制定较低标准的指定性绿色信贷额度指标，又难以发挥具有相对优势银行的作用，可能难以实现国家的环保节能战略目标。

相比较下，运用基于市场的政策工具（MBIs）能改变商业银行承担的环境风险和业务创新成本，提高银行的盈利水平，从而激励商业银行为追求自身利润而主动性地进行环境金融业务的创新。与管制型环境金融政策的直接投资相比，市场化手段可以撬动数倍放大规模的商业性资金，在更有力地支持低碳经济目标的同时，也培养支持了商业性金融机构环境金

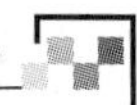

融服务的能力，促进金融业的发展。所以，激励微观金融机构环境金融发展的市场型金融管理手段应该是政策性环境金融的发展目标，也是现代经济体制下有效发挥政府作用的目标要求。政策性环境金融的市场导向发展趋势就是逐步增加市场导向型政策性环境金融，最终形成以市场导向型为主、适当政府主导的政策性环境金融模式。所以，市场导向是政策性环境金融的发展趋势和目标。

（2）商业性环境金融的市场导向发展趋势

从商业性环境金融发展的阶段论可以看出，金融机构环境金融发展的一个重要因素在于金融业对自身在环境可持续发展中的定位。当金融机构视政府环境管理法规为对其竞争力有影响的阻碍因素时，会增加经营管理成本，从而采取阻挠法规、规避法规或变革业务管理以节约成本的应对措施。这些阶段的商业性金融机构在运作管理和产品方面的创新都属于规避型创新。当金融机构接受环境法规影响并采取主动变革措施，并最终发展到将政策性目标和金融机构价值增长双赢结合的阶段，这时的创新属于主动型的商业性环境金融。

环境可持续银行或环境可持续金融阶段是环境金融发展的目标，当金融机构都能主动性地开展环境金融业务，所有与环境相关的活动都是金融机构自主激励的，所有的环境责任和环境风险都可以通过市场化的渠道体现在金融机构的产品定价和融资可获得性上，那么金融业就真正实现了经济与环境双赢的可持续目标。所以，商业性环境金融的发展过程一般遵循从抗拒、预防、主动到可持续阶段，即从规避型阶段向主动型阶段发展，主动型商业性环境金融创新是商业性环境金融的发展目标。在从规避型创新到主动型创新的发展过程中，市场化程度逐步增加，环境金融逐渐成为商业银行普遍及常规的业务，同时资本市场上环境类社会责任投资也从少数伦理道德团体所选择的利基投资品种[①]逐步发展成为市场主流投资品种。所以，从动态发展的角度看，商业性环境金融创新遵循从规避型创新为主，逐步发展到主动型创新为主的发展过程，主动型商业性环境金融是市场导向型的环境金融。所以，商业性环境金融发展也应该遵循市场导向的发展趋势。

（3）市场导向型环境金融的构成

从上述分析可以看出，在环境金融的宏观和微观层面上政府和市场都可以发挥不同的作用。管制型政策性环境金融和规避型商业性环境金融的发展中，政府起着主导、支配的作用。当宏观层面上环境金融管理发展到以基于市场的管理手段为主体，微观层面上金融机构的环境金融创新是金融机构基于市场机遇和风险、利润均衡考虑下主动、自发地开展时，这一阶段就是发挥市场主导作用的市场导向型环境金融。从动态的角度看，政策性和商业性环境金融的发展过程都是以市场化为发展目标，即政策性环境金融从管制型向市场型发展，商业性环境金融从规避型向主动型发展。所以，环境金融将遵循以政府主导到市场导向为主的发展过程，即市场导向应该是环境金融应遵循的发展趋势。图3-3显示了依据政府和市场不同作用下政策性和商业性环境金融的政府导向和市场导向类型的划分，并显示市场导向的发展趋势。

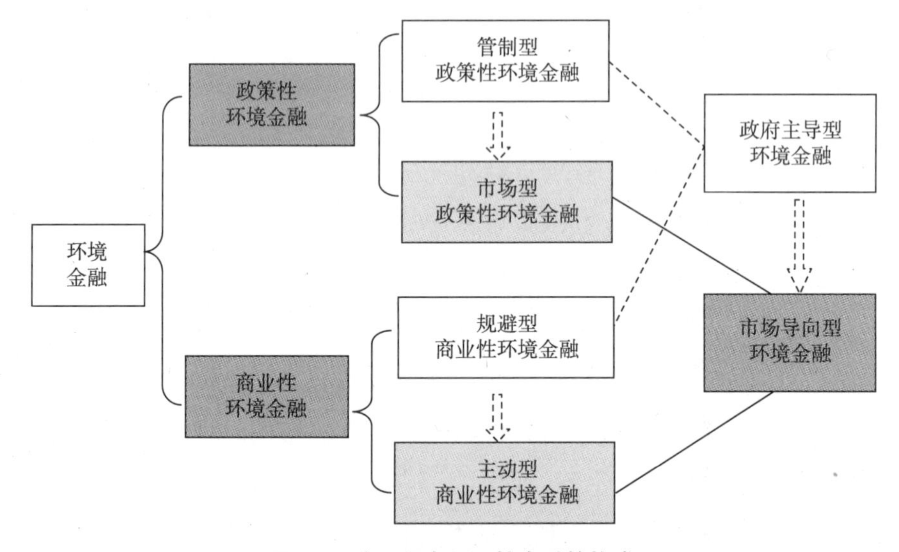

图3-3　市场导向型环境金融的构成

① 利基市场（niche market）和利基产品（niche Product），在金融市场指的是不被主流投资者熟悉和参与的狭小市场和产品，这个市场只有极少数具有独特偏好的投资者。

在环境金融发展的初期阶段，宏观层面的管制型政策手段和微观层面的规避型金融创新占主导地位，政府发挥着主导的作用。为推动环境金融的发展，实现金融业发展和环境保护双赢的可持续金融发展模式，就必须逐步深化市场化程度，更多地探索市场型的宏观金融管理手段，激励主动自发性的环境金融成为微观金融的主流，即环境金融的发展应以市场导向型环境金融为发展目标。由此可以看出，在环境金融发展中政府和市场边界是动态变化的，是以政府边界逐步减小，市场空间逐步放大的方向动态发展的。在环境金融发展由政府主导向市场导向逐步发展的过程中，政府探索有效引导市场的管理创新，作用边界逐渐减少到合理程度，而金融市场的作用边界发展扩大从而充分发挥金融市场的基本经济功能，政府和市场边界此消彼长到一定合理组合状态的发展过程就是环境金融市场导向发展的过程。

市场导向型环境金融是基于政府与市场有效结合，市场化程度逐步深入的环境金融发展模式，是可持续经济模式深化发展下理想的金融创新模式，也是环境金融创新的发展目标和发展趋势。

为此，本书创新性地提出的“市场导向型”环境金融概念，并以此展开对政策性环境金融和商业性环境金融的研究。具体而言，基于市场导向的环境金融包括两个层面：一是基于市场的环境金融管理政策工具的创新，即市场型政策性环境金融；二是微观层面金融机构基于收益和风险平衡下的自主环境金融产品创新，即主动型商业性环境金融。

3.3 市场导向型环境金融发展的动因

3.3.1 环境金融发展的动因分析概述

（1）金融创新分析的一般框架

金融创新一般遵循从最初少数金融机构的创新发展为普及扩散到整个金融体系创新的过程，对这个过程的动因分析有两个层面值得研究，即金融创新的最初产生阶段和普及扩散的过程。对金融创新起源的研究通常可以利用供求分析框架，讨论金融机构创新产品或采用新技术、新制度的动机。金融创新的需求层面主要指的是金融产品的消费者和投资者的行为特点对金融机构的影响。从金融创新供应角度方面看，金融机构自身追求超额收益、规避监管和分散风险等行为引发金融产品和金融管理制度创新。在动因分析中，创新环境的重要作用不可忽视。金融创新环境通常包括监管、技术、宏观经济走势等发生的变化，金融创新环境不仅影响到消费者和投资者的风险感受，而且也会导致金融机构收益和风险的变化[①]。所以创新环境对金融创新的需求和供应都存在不可忽视的影响。

金融创新起源研究注重的是引致特定金融创新出现的因素，但是这些创新可能是个体的，新的创新产品能否继续发展则需要对创新的普及扩散过程进行研究。Philp Molyneux 和Nidal Shamroukh 指出[②]，在金融产业中，监管、技术等环境因素触发了初始创新，但是这并不能代表全部金融创新。金融机构在相互竞争中同样会进行创新，其中金融机构的规模、数量、资产组合、风险管理等方面对创新活动起着积极或消极的作用。创新主体做出了某种创新后，创新的采纳和扩散就成了创新过程的主线。创新主体的异质特征（比如规模）和攀比效应等外在因素共同导致了潜在采纳者的决策。信息外部性和网络外部性会和攀比效应结合。信息外部性和网络外部性促使潜在竞争者通过模仿来实现创新采纳，从而导致原有的创新逐步扩散，同时攀比效应加剧了采纳和扩散过程，一旦参与创新的机构达到一定数量，如果一些潜在的竞争者不采纳创新，就可能处于竞争劣势，这种压力会迫使没有参与创新的机构必须加入到创新行列，从而形成整个金融行业的创新。所以在金融创新发展、采纳和扩散的过程中，机构的规模和范围等特征对通过竞争起着重要作用。

（2）环境金融发展动因分析的一般框架

以金融创新理论为基础，环境金融发展的动因研究也同样需要对基于

① Philip Molyneux，Nidal Shamroukh. 周业安译. 金融创新［M］. 北京：中国人民大学出版社，2003.

② 同①，第3页。

环境金融供求关系的动机和创新环境进行研究，由于政策性金融和商业性金融的主体不同，二者环境金融的创新动因也存在差别。

政策性金融机构是政府出资、管理并执行国家政策意图的金融机构，为履行应对气候变化国际公约下的责任以及执行本国可持续发展战略，政策性金融机构进行环境金融管理工具和制度的创新是其职能的必然要求。而金融市场在环境领域存在市场失灵，现有商业性金融在规模和结构上不能完全满足低碳环保发展的融资需求，这些都是需要政策性金融机构创新管理手段以干预和支持商业性金融的原因。政策性金融机构自身的改革发展以及在规避型工具和市场型工具上的运用能力则属于影响政策性环境金融创新供应的能力因素。而政策性银行使用不同政策工具的经济市场条件、国际气候谈判的进程以及国家宏观经济调整的意图和经济体制变革进程都是影响政策性环境金融发展的外部因素。

商业性环境金融包括的产品、市场和金融机构内部管理方法都是相对于传统金融的创新，它涉及创新的供应、需求层面，也和创新环境有关联。商业性金融是市场经济环境下实现金融促进经济发展的主体，所以环境金融发展的目标是市场化导向下商业性环境金融的充分发展，即主动型商业性环境金融能够成为主体和主流。只有主动型的商业性环境金融的发展普及才能最大限度地调动金融资源，由此真正实现金融体系对低碳经济发展的基本功能。为此，环境金融的动因分析将主要针对商业性环境金融，尤其是主动型商业性环境金融的动因。而以此为基础的分析也给探讨市场型政策性环境金融发展的研究提供了切入点。

商业性金融机构能否积极进行创新，将环境金融业务作为常规、主流的业务，这需要考虑两个方面：一是商业性金融机构普通业务活动发展的基础，二是金融机构环境金融创新的创新动机和创新环境的影响。

商业性环境金融不仅取决于其创新供求因素的触发，还要求金融机构普通业务发展达到一定的基础。因为金融机构的整体业务发展水平反映了这个国家金融机构金融创新的普遍供应能力。按照世界经济论坛的2008年金融发展报告中对各国金融市场发展成熟程度的排列，中国和印度、泰国、菲律宾、南非、墨西哥等国属于发达的新兴金融市场，“能够提供先进的融资工具和有限的风险转移工具”。所以，中国的商业银行等金融机构在进行金融创新发展环境金融方面是有一定基础和能力的。同时，分析金融市场发达国家的环境金融先进经验对提高我国金融机构的创新供应能力具有借鉴意义。在金融机构业务发展的普遍水平上，个别风险管理能力强、具有更强环境责任经营理念和企业文化的银行在环境金融的创新供应能力上会有优势，可以在金融创新领先的策略中获得创新银行的市场利益。包括市场声誉、定价优势等利益都是吸引有能力的银行进行环境金融创新的供应因素。环境金融的创新需求层面主要指的是社会经济单位和家庭个人对低碳项目投资所形成的对银行和资本市场的融资和金融服务的需求。

除了供求层面的因素影响环境金融产生的动机，创新环境也对环境金融的产生和扩散有着重要的影响。诸如金融监管、公民社会运动、利益相关者的要求等外部因素都会对环境金融产生影响。环境因素能产生信息的外部性和网络的外部性影响，推动金融机构间环境金融创新的攀比效应，改变环境金融需求方的环境风险感受，改变环境金融供应方的风险收益结构，从而影响环境金融产生和推广。

商业性环境金融，尤其是主动型的商业性环境金融，是市场导向型环境金融创新动因分析的主要部分。针对不同的供求因素和环境因素影响，环境金融的创新动因分析将探讨商业性环境金融是基于应对法规变化的被动型或规避型创新，还是基于追求利润最大化、实现风险和利润平衡的主动型创新。由此可以有针对性地对商业银行和资本市场主动型环境金融发展设计激励和约束措施，鼓励和引导主动型商业性环境金融的产生和扩散。

3.3.2 主动型商业性环境金融发展的动因

本书将现阶段环境金融的产生和发展视为一种金融创新，进而依托金融创新动因分析的基本框架进行环境金融发展的动因分析。商业性环境金融一般遵循从规避型向主动型发展的进程。引发商业性环境金融产生的动

因有多个方面，有些因素可能对银行的规避型和主动型环境金融的创新都会产生作用，关键在于银行对这些因素的定位，银行是视之为负面因素而规避应对，还是视之为可增加盈利的因素而积极管理。当商业银行能积极利用外部影响因素进行环境金融的创新时，这个阶段的创新就是主动型商业性环境金融。

主动型商业性环境金融是环境金融市场导向发展的目标，由于商业银行是金融体系中最重要和最典型的金融机构，是商业性金融的重要主体，所以本节的动因分析将以商业银行为对象展开。概括而言，商业性金融机构尤其是商业银行主动型环境金融发展的动因有以下方面。

3.3.2.1 履行内部环境责任的节约成本收益

企业环境责任包括内部环境责任和外部环境责任。企业自身运作中的能耗和排放就是该企业自身运作对环境的影响。传统上金融业相对于其他产业而言对环境问题反应迟缓，认为其内部运作自身对环境的直接影响较少，远不如制造业和其他服务业。随着政府环保相关法规的出台而形成对银行的约束，银行在最初阶段多视这种约束为增加成本的负面因素和对盈利的威胁，因此银行为了预防和消化环境法规对银行原有利益的侵蚀而采取降低成本的措施，以维持银行原有的利润。在降低成本的多种选择方式中，调整内部管理，推行低碳运营模式是一种比较直接和低门槛的管理调整方式。同时，面对社会对银行履行环境责任的要求，内部环境责任的履行要比外部环境责任的履行简便直接，所以实行低碳化运营的管理创新通常是银行应对环境责任的首选创新之一。银行自身运营对环境的影响主要来自办公过程中的用电、用水以及相关物资消耗。银行通过简化业务环节、实现扁平化业务管理、无纸化办公、减少差旅、对现有及在建办公设施进行节能改造等措施，实现银行能效和资源的节约使用，降低银行的运营成本。

起始阶段的银行内部环境责任履行的管理创新带有规避型创新的倾向。例如在欧洲部分国家的一些大型国际银行受到管理部门分配的碳排放量化减排指标要求，银行通过内部低碳运营的管理变革来提升自身减排力度，可以减少为实现碳中性而在国际碳金融市场购买经核定的碳排放额的支出成本。

但随着低碳运营模式的示范和普及，在银行间会形成采纳和扩散效应，因为降低成本的措施符合追求利润最大化的商业银行经营目标。同时，实行低碳运营也可以视为银行履行内部环境责任，所以容易贴上绿色银行的标签而获得市场声誉。这些都能引导银行改变对环境责任下成本管理的预防、规避立场，将低碳运营的管理创新视为可以有效利用的成本管理提高利润的渠道，进而主动地进行和维持低碳运营模式。据《金融时报》[①]报道，华尔街和伦敦的大多数银行都把减少碳排放作为经营的一项策略。该报告中列举了多家世界著名银行的例子。例如HSBC从2005年来已经实现碳中性，其办公建筑和信息中心占据总排放的87%，其余13%为商务旅行，该银行2009年碳排放991000 吨CO_2，比上年减少3.8%。

3.3.2.2　环境风险管理

商业银行对环境风险的反应也包括规避阶段和主动管理运用阶段。

传统上商业银行的风险管理主要关注市场风险、信用风险、操作风险等。近年来随着环境事件日益频繁、危害日趋严重，对商业银行信贷资产安全的影响越来越大，商业银行逐渐将环境风险纳入其风险管理系统。荷兰国际银行集团2007年财政报告中指出[②]：“环境与社会风险已经成为比利率风险、汇率风险更突出、更重要的业务风险。”

对于银行而言，环境风险主要指环境信贷风险，它是指环境问题可能影响商业银行的信贷资产质量的风险。环境问题可能影响借款企业的偿债能力和抵押资产的价值，使借款企业现金净流入减少，影响其偿债能力。存在严重环境问题的投资项目失败，会给银行财务报表带来负面影响，甚至可能使银行承担环境污染清洁赔偿的连带责任。一些国家法规规定银行承担企业环境责任的连带关系，例如加拿大环境法律中的“连带的、复合

① Rod Newing，2010-6-3.

② 冯守尊. 赤道原则，银行业可持续发展的最佳实践［M］. 上海：上海交通大学出版社，2011.

的、有追溯力的”责任规定，以及美国法院裁决认定银行承担其客户环境责任的潜在威胁。这些使银行在法律和财务上均必须对客户造成的环境退化负责，从而促使银行将环境风险纳入其信贷风险管理的政策中。

此外，利益相关者也会对金融机构应对环境风险提出要求，比如金融监管部门出于维护银行体系稳定的考虑可能会要求银行控制某些高环境风险的贷款投放，证券市场上投资者对资产组合风险控制的要求会迫使资产管理者将投资分散于社会责任投资产品中。

银行界传统的观点认为与环境可持续相关的业务存在着不确定性，风险高，为规避涉及环境领域的业务可能面临的高风险，银行必须在内部管理及产品设计上进行创新。所以，商业银行基于环境风险管理的创新首先来源于商业银行对环境风险防范、规避的诉求。规避环境风险以及回应监管控制的要求而采取的环境金融创新是商业银行可持续发展模式的初级阶段，这种创新具有规避性特点。银行业通过回避可能带来环境风险的资金投向领域，实现对高环境污染、高能耗等产业的退出。

但是消极规避环境风险可能会使银行丧失环境金融业务的市场机会，不符合商业银行追求最大化利润的目标。现代商业银行是经营风险、管理风险的金融机构，积极有效的风险管理使银行有可以获得高收益的可能。商业银行通过提升环境风险定性定量分析能力，创新信贷管理程序和信贷产品，可以获得有效风险管理下的更高收益。而且，环境可持续相关业务创新并不必然意味着会增加银行的风险。银行在传统业务领域的基础上开发环境金融领域的新业务，拓展新市场，可以降低客户集中度，提高银行信贷资产组合的多样化，降低需要管理的风险敞口，这些也都有利于银行信贷资产风险的下降。所以基于风险管理的需要，银行开展环境金融也有利于通过信贷业务多样化、分散化而降低风险。

在2005年国际金融公司（IFC）调查的40多个新兴经济国家的120家金融机构中，有74%的被调查银行报道了关注环境和社会问题后风险的下降。IFC的调查报告表明，绝大多数银行认为进行环境金融创新所获得的收益高于由此引起的风险控制和管理变革的成本。

所以，对具有积极风险管理文化和能力的现代商业银行而言，环境风险管理下的新利润空间是吸引商业银行主动地开展环境金融业务的需求诱导因素。这种创新有利于发挥金融资源对环保项目正向选择的作用。

3.3.2.3　市场机遇的吸引

实现低碳经济发展需要巨大规模的资金支持，除了政府的直接财政资金支持外，绝大多数的资金需求必须由商业银行和金融市场等市场化的融资渠道来满足，这就给商业性金融体系带来巨大的市场发展前景。

国际银行界认为业务发展机会快速增长的三大环境领域是：可持续能源、清洁生产和生态多样化保护（IFC，2005），为此，需要金融体系为实现低碳经济目标下的产业结构调整和升级提供必要资金。UNFCC秘书处发布的关于当前和未来国际应对气候变化的投资和资金流动的分析报告指出，预测到2030年应对气候变化需要额外的投资和资金流动的数量将达到全球GDP的0.3%～0.5%，占全球投资的比重将达到1.7%。UNEP最新发布的《2011年可再生能源的全球发展趋势报告》中，统计所得2010年全球可再生能源的投资总额为2110亿美元，相比2009年增长了33%，相比2004年增长了540%，中国等发展中国家将成为全球最大规模的新能源投资者。根据《中国可再生能源长期发展规划》的研究成果，预计中国为实现2020年非化石能源的规划任务，非化石能源行业需总投资2万亿元。JP Morgan发布的《中国清洁革命》中对中国的新能源建设所需资金进行了分析，研究结论表明要实现在2020年从可再生能源中获得15%的初级能源的国家目标，所需投资约2510亿美元。Bloomberg（New Energy Finance）发布的独立评估报告表明，中国2020年的新能源投资需求应为2680亿美元或3980亿美元。

旺盛的低碳经济发展融资需求给商业银行带来了前所未有的新机遇。这些资金需求的新机遇不仅是银行创新业务获取超额利润的推动因素，也是银行应对竞争的有效途径。商业银行面临着来自银行同业和非银行机构的挑战，银行间竞争加剧和客户忠诚度维持难度加大。利用绿色投资需求的新市场机遇，积极创新开展环境金融的银行可以获取占先优势的利润，

而且提高业务活动的多样化，创造绿色形象，实现银行的差异化经营，这些都有利于提高银行的竞争力。

3.3.2.4 利益相关者的压力

商业银行的业务发展建立在资信度的基础上，建立在银行客户和其他利益相关者对银行信任的基础上。商业银行经营不仅以追求股东利润最大化为目标，银行利益相关者的利益要求和影响也越来越不能忽视。客户、社区、政府、合作方、媒体以及社会组织等都是银行的利益相关者。

随着环保运动力量的加大，银行利益相关者对银行环境责任的关注日益加强。例如银行客户、供应商、政府、国际金融机构、非政府环境组织等开始对商业银行提出保护环境、减少温室气体排放方面的要求，甚至直接质疑商业银行对某些项目贷款或投资的具体原因及环境影响。比如在通过国际金融公司（IFC）与发展中国家的合作融资项目中，世界银行（WBG）都对合作国和当地银行提出严格环境要求。

银行环境责任的不良作为以及环境金融发展的滞后可能引起媒体和非政府环保组织的关注，从而影响银行的市场声誉，导致客户满意度的下降，银行可能会丧失有环保意识的客户群体，并且可能使银行付出被法规处罚的代价。社会责任的投入反映了企业的价值取向，银行管理层、特别是高管层的环境责任理念和形象转换有利于提升银行品牌和形象，加强和提高商业银行竞争力。

根据IFC 调查报告（2005），声誉和品牌成为银行将可持续性因素考虑到管理实践的首要因素之一，该调查报告中有68%的被调查银行赞同提升银行的资信度和声誉是考虑环境社会问题的主要原因，64%的受访方认为投资者对银行的要求是一个重要因素，这反映了利益相关者所形成的声誉压力对金融机构的影响日益增大。例如南非的Nedbank银行集团是进入道琼斯全球可持续指数的三大南非公司之一，是第一家进入Jonannesburg证券交易所SRI 指数的南非公司，获得2005年新兴市场银行社会责任最佳银行奖（伦敦）和Mail & Guardian’s绿色未来奖，这些为银行获得了极大的国际声誉，提供了该银行在国内市场的独特竞争力和市场地位。

上述推动商业银行环境金融的创新动因中，低碳经济发展所形成的企业及项目融资是环境金融的需求层面，金融机构追逐低碳经济市场机遇、规避环境风险是创新的供应层面，国家政策引导的行业发展和环境法律执行的力度对环境金融的供应和需求都会造成影响。国家政策法规的压力会导致银行在内部能耗管理和环境风险管理方面进行创新，公众和媒体等利益相关者的影响是环境金融发展的重要环境因素。当商业银行能积极主动地管理内部运营的能耗成本，积极进行环境风险和收益的匹配管理，同时外部环境因素也有利于银行主动性的创新行为时，主动型的商业性环境金融将逐步增加。

4 基于市场的政策性环境金融作用于商业性环境金融的机理

现阶段商业性金融在规模总量和结构上都难以满足低碳经济发展对金融业的融资需求，这就需要政策性金融介入以激励商业性金融机构环境金融业务的创新发展。政策性环境金融与商业性环境金融的对接和运作机理体现了环境金融发展中宏观和微观结合的关系，并为探究利用市场型政策性金融手段撬动主动型商业性环境金融发展的途径提供支撑。

4.1 政策性环境金融对商业性环境金融的引导与扩张

政策性环境金融机构以公共资金投资于低碳环保产业有两种方式，一是直接对低碳环保产业提供资金支持，二是通过与商业性金融的结合来满足企业的融资需求。这两种方式中，政策性金融对商业性金融发挥着间接和直接的引导作用。

4.1.1 政策性环境金融对商业性环境金融的间接引导

政策性环境金融对低碳环保产业的资金支持可以形成对商业性环境金融的间接引导作用。

政策性环境金融提供资金支持是弥补金融市场环境保护功能市场失灵的重要渠道。政策性金融直接支持的方式主要有赠款和优惠贷款，资金支持对象应该符合特殊的融资条件或资格，即融资对象必须是从其他商业性金融机构得不到或者不易得到所需资金，并且符合政府的产业发展政策。所以，政策性环境金融资金支持的区域是市场机制对资源配置不起作用的区域，同时又对实现国家的环保节能目标和低碳经济增长模式转型具有重要意义的领域，政策性环境金融通过逆市场选择或弥补市场滞后选择的作用，满足低碳经济对资本积累的需求。

政策性环境金融的资金支持针对的是商业性金融不能或不愿投资的低碳环保领域。“不能”表明该领域无利可图，商业性金融投资于该领域不符合其盈利性的市场本性。这主要指的是环境保护和应对气候变化的一些基础设施建设领域，比如适应气候变化项目中关于农业基础设施、应对极端天气的灾害治理工程，这些项目周期长、回报的现金流不明显或者回报少，所以需要公共财政的直接支持。这里通常采用赠款、拨款等直接资金支持方式。赠款不要求偿还性，可以通过财政渠道发放，也可以通过政策性金融机构发放。

商业性金融“不愿”投资的领域，表明该领域的发展前景不明朗，项目产生的现金流较迟或者不稳定，投资风险大。在低碳环保领域，这些主要指的是清洁技术和可再生能源技术开发项目，商业性金融通常无力承担这些高科技开发项目的高风险。对这些商业性金融“不愿”进入的领域，政府可以通过政策性金融机构提供优惠贷款的方式进行支持。优惠性贷款不同于赠款，它要求有偿还性，但是它也不同于商业性贷款。优惠性贷款形成政策性金融机构的资产，与讲求“安全性、收益性和流动性”的商业性金融机构的资产安排不同，政策性金融机构遵循“政策性、效益性、安全性、流动性”有机统一的经营原则，所以其贷款相对于商业性贷款更偏向政策性，盈利性上讲求保本或微利，因而在期限、风险结构和利率方面更优惠。政策性金融机构在环境金融领域的直接资金主要运用于期限长、风险高、额度大、条件优惠的低碳环保项目批放贷款、开发投资等资产业务。

政策性环境金融的直接支持资金还可以产生额外的效益。首先，政策性资金的直接支持能释放政府对相关产业引导的强烈信号，这对吸引商业性金融机构的创新行为具有引导功能。政策性金融机构一般在信息生产方面具有一定的优势，由于对国家低碳产业走向方面的政策处于垄断地位，政府能够利用信息生产优势，筛选优良企业，审查企业低碳投资项目的可行性和行业发展前景，对这些产业进行的先期投资可以产生信息的溢出效应，引导商业性金融“免费乘车”参与融资活动。政府先期直接投资能改善投资环境，提

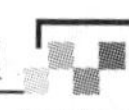

高市场规模和流动性，这些都可以间接引导商业性金融机构的进入。其次，当政策性金融机构对低碳环保产业提供赠款和优惠贷款支持时，政策性金融机构通常会通过和商业性金融机构的合作来完成，委托商业银行管理赠款的使用和贷款的转贷，或委托地方性商业银行发放、管理和收回贷款。这样可以带动商业银行对相关低碳环保产业领域的关注和对相关客户的重视，密切和项目相关企业的联系，从而形成对商业性环境金融的间接引导作用。

图4-1中所示的路径①表示了政策性金融对低碳环保领域的直接支持，而这种支持也能间接地引导商业性金融重视和开展环境金融，路径③即表示政策性金融对商业性金融的间接引导作用。

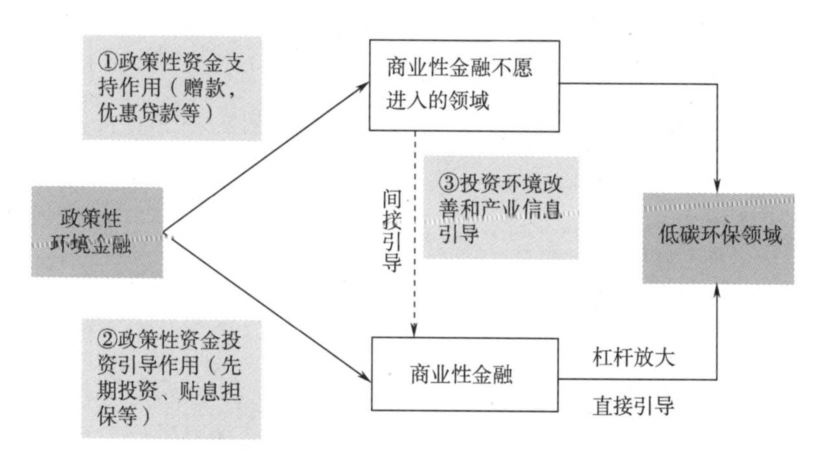

图4-1　政策性环境金融对商业性环境金融的引导

政策性环境金融的资金支持安排具有强烈的政府财政性，依赖于政府的财政实力和决心，属于政府主导型的政策性环境金融。相对于政府拟定的低碳经济发展和转变经济增长方式的目标而言，政策性金融的自有资金实力是有限的，而且其资金投放的效率容易受到政府管理效率的影响，可能会存在寻租等政府失灵的问题。所以，图4-1中路径①所示渠道不是政策性环境金融资金机制功能的主要部分。

4.1.2　政策性环境金融对商业性环境金融的引导及扩张过程

由于低碳环保产业通常是新兴产业，商业银行对其收益回报的现金流规律和技术、市场风险等方面存在认知障碍，导致商业性金融不愿进入或进入不足。政策性金融通过对障碍因素的消除或减弱，使商业性金融由“不愿”转变为“愿意”，并逐步引导商业性金融能够自发主动性地进入，这个过程可以称为政策性环境金融对商业性环境金融的引导和扩张过程。

投资引导扩张功能（白钦先，2008）是政策性金融的主要目标，是政府与市场作用有效结合的体现。政策性环境金融发挥投资引导功能有两种基本途径：第一种途径是对处于某些需要政府支持阶段的低碳环保企业或项目进行资助。例如清洁技术和新能源技术项目的先期启动阶段以及资金瓶颈的阶段，以此助推该产业起步，促进其向成熟阶段发展。当这些产业持续增长的收益率或持续降低的风险性达到商业性金融传统的风险收益结构标准时，就会吸引商业性资本产生投资意愿，激发主动型商业性环境金融发展（见图4–1中路径②）。

政策性环境金融对商业性环境金融直接引导功能的第二个途径：对商业性金融机构提供优惠政策，改变低碳环保项目的风险收益特征，从而鼓励商业性金融资本投资于低碳环保领域。它主要体现在两个方面，一是提高金融投资的收益率，第二是降低投资的风险。例如对商业性资本的投资利息进行补贴、或是通过中央银行为商业性金融机构提供优惠再贴现、或是对其所投资的低碳环保产业进行定额定价政府采购，从而提高金融机构投资的收益性。这些措施能够使商业银行在既定的风险水平下获得更高的贷款收益。政策性金融也可以对商业银行的投资亏损进行补助（分担），或是对相关项目或产业提供担保以降低金融机构的投资风险，从而使商业银行在收益既定的情况下减少和控制风险。通过这些经济手段，提高商业性金融机构投资的预期收益率，降低风险，提高其投资信心，强化其投资意愿。如果商业性金融及私人投资机构具有较为完善的内部机制，则在追求利润最大化的目标激励下，大量的商业性金融机构就会被吸引进入国家低碳发展产业政策所愿意的项目或领域，主动型商业性环境金融的规模不断扩大，从而形成政策性对商业性环境金融的引导和扩张作用。

这类对商业性金融执行直接引导和扩张功能的政策性金融就是市场导向型的政策性环境金融，它的基本目标在于通过有限的政策性资金的介入带动更多的商业性、私人性的资本投资。图4-1路径②所示的政策性金融的引导功能是各国政策性金融的重要功能，也应该是市场导向型政策性环境金融的主要内容。

在环境金融发展的初始阶段，政策性环境金融投资引导功能的作用区域大小与该国的经济实力和政府发展能力、管理模式有关。投资引导功能主要是为了实现政府低碳经济的发展目标，追求社会福利最大化。因此，一国经济实力越强，经济社会发展水平越高，市场化程度越高，对政策性金融的投资功能需要的就越少，其作用区域就越小，功能边界就会偏小。反之，当一国的经济发展的市场程度较低，政府的发展能力和对经济的掌控能力越强，政策性环境金融的投资引导功能的作用区域就越大，其作用边界就比较大。

当低碳经济模式成为企业和银行普遍接受的经济模式，收益水平提高，风险成本下降时，商业性资本和商业性金融就会基于市场机遇，在风险和收益匹配的原则下主动开展环境金融业务，环境金融开始成为金融机构常规的业务领域，这时政策性环境金融就基本完成了引导商业性资本投资低碳环保产业的功能，政策性金融的资金支持就可以逐步退出，商业性环境金融逐渐成为主体，该低碳环保产业的发展就可以主要通过市场机制来调节资金配置。由此从政府与市场的关系来看，政策性环境金融的资金支持边界是不断缩小的。

4.1.3 市场型政策性环境金融撬动商业性金融的杠杆放大效应

4.1.3.1 市场型政策性环境金融的额外性

基于政府与市场关系的现代经济学基本观点，政府通过有效干预和激励市场的引导行为可以发挥市场经济主体的作用。为此，政策性金融机构等公共机构在运用稀缺的财政金融资源与私人金融机构合作时，或者是投入私人企业和市场活动中时，其公共资金运作中一个关键的问题是：如何最大限度地调动私人部门，但又不是和商业性金融竞争。政府运作的目的是启动和激励市场，同时又不能直接取代市场，否则政策性资金进入商业性资金本可以进入的部门，而真正需要支持的经济活动却没有得到融资支持。不与商业性金融竞争，就不会挤占商业性金融机构的业务市场。所以，政策性金融提供的资金应该是仅仅在商业性金融不能进入或不愿进入时才能使用，这就要求政策性金融工具具有“额外性”。

综合国内外文献，本书认为，一般而言“额外性”（additionality）指的是在政府或国际组织等政府公共资金对经济活动的干预和支持下，私人性或商业性的机构在行为和规模上所产生的变化，这些变化如果没有公共资金的支持将难以发生。额外性通常强调的是对某项活动的融资支持和该项活动在没有该支持情况下能产生的程度之间的因果关系（Charlotte Streck，2010）。如果没有额外性的效果，公共性机构就只是补助私人融资方和企业，或者是和他们竞争，政府活动可能是替代了本可能产生的市场私人活动。

在实践中，欧盟对成员国经济援助激励项目和一些工业化国家经济管理部门对科技R&D激励支持安排中，都提出需要判断公共资金的额外性要求。在金融领域，额外性要求主要体现在国际多边、双边或一国的发展金融机构的融资支持运作中。而国际气候谈判下的气候融资[①]及碳排放权市场的额外性[②]是关于额外性研究的新领域。

政策性环境金融同样要求额外性，即政策性环境金融对私人资金（也包括商业性金融资金）的带动作用应该是在原有商业性和私人资金不能或不愿介入条件下，而不是对已有既定经济性事实的、成熟的低碳环保项目和技术进行支持。强调政策性金融的额外性就要求政策性环境金融不抢占

① 在《联合国气候框架协议》和《京都议定书》下，额外性分别指的是对常规业务情况下努力，在至少两个领域做出的补充努力。其一是发达国家对发展中国家在气候变化减缓中的融资贡献的额外性；其二是通过减缓活动而形成的温室气体减排的额外性。

② 碳金融市场的额外性含义：CDM项目活动所产生的减排量相对于基准线是额外的，即这种项目活动在没有外来的CDM支持下，存在诸如财务、技术、融资、风险和人才方面的竞争劣势和/或障碍因素，靠国内条件难以实现，因而该项目减排量在没有CDM时就难以产生。

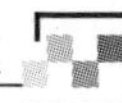

商业性金融本可以进入的经济活动，或者避免因资助而使私人部门享受额外的收益和利润，从而扭曲市场。额外性的要求体现了政策性金融引导下充分发挥金融市场功能的目标。

本书研究所指的市场型政策性金融对商业性金融的引导和放大功能即是政策性环境金融对商业性环境金融额外性的体现。对商业性金融的引导和放大功能是政策性环境金融的核心功能，是处理政策性环境金融和商业性环境金融之间业务关系的出发点和落脚点。

相比较而言，直接投资功能的政策性环境金融是政府主导下的环境金融，而发挥投资引导功能的政策性环境金融是市场导向的，激发商业性金融主动开展环境金融业务能更大效力地发挥政策性金融的引导扩张作用。当以追求利润最大化为目的的商业性金融机构在政府直接和间接财政金融手段的引导下，开始大量向政策性环境金融所支持的产业或领域进行投资，商业性环境金融的资本逐渐增多并最终在总量上超过政策性环境金融，成为环境金融主体时，市场机制对资源的配置起到主导作用，从而进入市场主导环境金融的发展阶段。相对于投入的有限政策性资金，其所引导扩张的商业性资金形成了杠杆放大的效果。

在由政府主导向市场机制作用逐步增加的过程中，政策性环境金融直接投资的功能边界不断减少，投资引导功能的作用边界不断扩展的动态演变过程就是市场导向型环境金融动态发展过程的实质所在。

市场导向发展趋势下的政策性金融强调的不是直接投资于目标低碳环保产业或项目，而是通过间接途径，利用一定数量的政策性金融资源的投入引导，动员商业银行、资本市场等商业性资本的力量，通过虹吸过程，以有限的政策性资本“撬动”更多的商业性资本投入，带来数倍于甚至数十倍于这个数量的商业性环境金融资源的投入，产生杠杆放大的效果，从而有力地推动低碳环保产业的发展（如图 4–2所示）。

政策性环境金融引导扩张过程所形成的对商业性金融的杠杆放大效果体现了现代经济体制下对政府与市场关系的要求，即通过政府有效干预，激励市场功能更好地发挥。

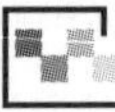

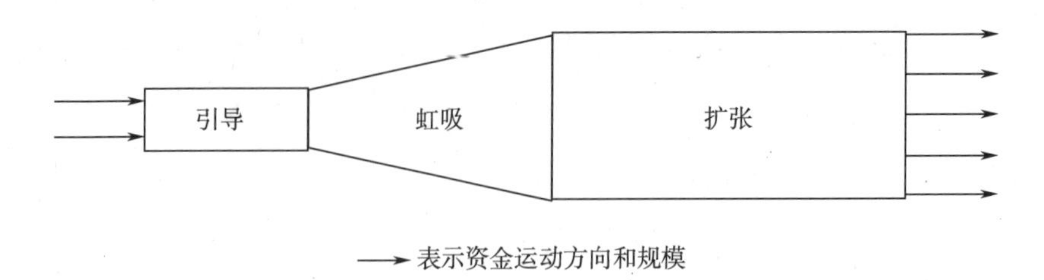

图4-2　政策性环境金融机制的杠杆放大效应

4.1.3.2　市场型政策性环境金融的额外性衡量及杠杆率

按照定义，额外性可以通过以下公式来表示：A = Iin−Irc

其中，A 表示额外性，Iin表示干预行为下产生的效果，Irc 表示没有干预行为，是其他参照情况下的效果。

这种绝对规模的量化指标可以一定程度反映额外性的大小，但是难以量化比较衡量，所以，更为有效的是相对比率的量化指标。衡量和判断政策性金融额外性程度的一个重要标准就是相对于有限的政策性金融投入所引导放大的商业性金融的规模，也就是扩张放大的倍数。

我国学者白钦先等对此做出了相关研究，他将政策性金融的引导功能称为政策性金融的诱导性功能，为量化政策性金融的诱导性功能，白钦先借鉴宏观经济学中财政投资乘数原理，提出诱导乘数的概念和计算公式。即根据政策性资金额与所倡导的商业性金融投资额的数量比，计算引导扩张的倍数①。假设政策性环境金融机构提供了Q数量的先行投资，然后带动了数量为M 的商业性金融机构的资金，诱导乘数为R，则计算诱导乘数的公式为：

$$R= M/Q$$

国际上通常用“杠杆率”来衡量公共资金的扩张放大倍数。这里的杠杆率（leverage rate）又常常被称为杠杆放大倍数，它与金融市场投资行为中代表负债权益比率的杠杆率概念不同，一般而言，公共资金的杠杆率指

① 白钦先，徐爱田，欧建雄. 各国进出口政策性金融体制比较［M］. 北京：中国金融出版社，2002.

 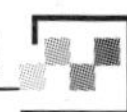

的是在公共资金激励下所注入的私人资金的比率[①]。

虽然高杠杆率不一定必然意味着高的额外性[②]，但是，较好的额外性可以表现出较好的杠杆率这一论断是共识的。而且，在市场失灵明显的领域，政府干预而形成的额外性愈加明显和重要。所以，在环境金融领域，由于环境管理的市场失灵和环境金融存在政府一定干预的特征，政策性环境金融对商业性环境金融的扩张放大则是针对环境金融领域的市场失灵而发挥政府有效管理、激发市场功能的体现。所以，对政策性环境金融的额外性的要求同样也可以通过政策运作的杠杆率来评估。

在应对气候变化的国际金融组织的实践中，世界银行、国际金融公司、欧洲开发银行等机构资金运作的一项核心原则即是利用公共资金撬动更大比例的私人资金。上述金融机构在考察政策性金融对商业性金融扩张放大的效果时，常用杠杆率来衡量，以体现政策性金融的额外性程度。这些机构在实际使用中杠杆率的衡量有多种选择，取决于评估方和评估角度的不同。

例如某政府机构A提供100万美元的启动资金，其他的公共性机构也参与贡献了200万美元，最后引入的私人性资金总计为300万美元。如果依据泛指的杠杆率计算，杠杆率（100+200+300）/（100+200）=2∶1。

世界银行清洁技术基金（CTF）考虑的是相对于CIF投入的资金所引发的整个资金的规模，则其资金的杠杆率：（100+200+300）/（100）= 6∶1。

如果上述例子中是由政策性金融机构提供的200万美元的担保，世界银行多边投资担保机构（Multilateral Investment Guarantee Agency World Bank）评价上述过程的杠杆率：（600）/（200）= 3∶1。

英国在气候投资基金（CIFs）中采用的表示杠杆作用的指标：即CIF投资与其他机构的投资（包括来自其他多边金融机构、私人机构、国家公共资金以及民间团体等的投资）的比例。

---

① 2012 CDC Climat Research.

② 一项高融资杠杆率的项目，即相对于公共资金有较高比例私人资金的项目，并不一定具有较高的额外性。换言之，它并不能表明必然是公共投资催生了私人投资。

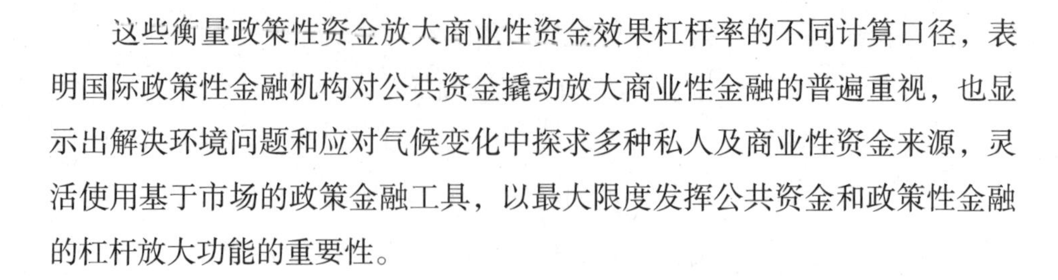
这些衡量政策性资金放大商业性资金效果杠杆率的不同计算口径，表明国际政策性金融机构对公共资金撬动放大商业性金融的普遍重视，也显示出解决环境问题和应对气候变化中探求多种私人及商业性资金来源，灵活使用基于市场的政策金融工具，以最大限度发挥公共资金和政策性金融的杠杆放大功能的重要性。

4.2 市场型政策性环境金融撬动商业性环境金融的机理

市场导向模式下政策性环境金融对商业性环境金融的作用是一种引导和杠杆放大的过程，即以有限的政策性资金推动商业性环境金融的产生和推广，产生撬动（leverage）的效果。

4.2.1 政策性环境金融撬动商业性环境金融的必要性

4.2.1.1 低碳融资项目的可融资性缺陷

低碳环保技术项目的融资发展取决于融资需求、供应的增加和供求关系的平衡发展。企业和地方政府的低碳环保项目运作的计划和投资意愿是对环境金融的资金需求，商业银行和资本市场机构投资者等商业性金融机构是低碳环保项目的资金供应方。由于低碳环保项目自身的特点使其可融资性不足，这会导致企业对项目发展的信心和投资意愿偏低，从而导致相关环境金融的需求不足，金融机构环境金融的供应也有限。

所谓可融资性（Bankability）是用于判断某种技术和产品的认可度是否可靠，并且值得信赖到最终获得放贷机构投资的能力。可融资性主要用于银行项目融资的决策分析。许多节能减排融资和清洁技术开发融资属于项目融资，缺乏传统企业贷款模式下的借款人资信和抵押品的保障，所以项目的可融资性就是银行能否发放贷款的关键。如果项目自身的可融资性不足，即使企业有投资环保项目的融资需求，也会因为不能得到银行的认可而导致融资行为难以实现，造成环境金融实际需求低于潜在水平，或者环境金融的创新供应不足。

下面以可再生能源开发为例，分析清洁技术项目在可融资性方面不足

的具体表现。

（1）成本价格因素。高成本、高价格是制约可再生能源技术商业化推广和应用的障碍。与同类技术相比，可再生能源生产成本高于化石燃料。以发电为例，水电发电成本约为煤电的1.2倍，生物质发电为煤电的1.5倍，风力发电成本为煤电的1.7倍，光伏发电为煤电的11—18倍。成本过高使得可再生能源发电相对于传统能源的发电仍然缺乏市场竞争力，商业银行及民间资本对可再生能源的投资观望大于行动。

（2）市场有效需求有限。从消费者选择角度来看，消费者对高碳或低碳能源的选择主要取决于消费者偏好和消费价格的影响。传统能源产业的风险暴露时间长，相对稳定，营销网络成熟，消费者具有消费惯性，因此大部分消费者因偏好而继续锁定传统能源产品。在消费价格的竞争优势方面，可再生能源产品的生产成本还相对较高，部分技术瓶颈难以快速突破，导致可再生能源产品的价格居高不下。在传统化石能源的定价还没有考虑环境因素时，可再生能源产品没有价格优势，消费者愿意选择价格相对便宜的能源。所以可再生能源产品难以在短期内替代传统能源产品。例如虽然近年来中国可再生能源消费规模不断提升，但是到2009年可再生能源消费在一次性消费结构中的比重仍只占9.9%。

（3）技术和市场前景不确定。可再生能源技术的前沿性和种类多样性决定了其在技术进步过程中存在较大的不确定性。可再生能源企业的技术进步面临的外部环境包括市场规模、市场竞争形势、技术人员水平、基础知识储备等。一般来说，这些外部环境因素是单个企业根本无法精确把握的。而且，随着社会经济的快速发展，影响可再生能源技术进步的不确定性因素还在增加。例如虽然近两年与可再生能源互为替代品的常规能源价格急剧上涨，这使可再生能源的成本劣势有所减弱，导致可再生能源企业追求技术进步的动力不足。

（4）投资回报率低。中小型可再生能源项目缺乏规模效应，使得可再生能源价格很难替代传统能源，盈利性较差。不同能源类型的项目运营情况差异巨大，其中光热类太阳能项目的盈利性最好，其次是风能型项目，尤其是中小型风力发电设备和工程服务类的企业盈利能力强，成长迅速。而海洋能、地热能项目还处于概念炒作阶段，能真正获得投资回报的项目较少。由于可再生能源产业属于高投入、技术密集型产业，且存在较大的不确定性与风险，需要对可再生能源定高价才能收回投资。尽管可再生能源产品价格高，但是其高成本和有限的市场规模决定了可再生能源的投资回报率不高。

可见，清洁技术和可再生能源技术开发和产业化发展中存在明显的可融资性不足的缺陷，这会导致商业性金融进入短缺。为促进更多环保项目的启动和运作就需要政策性环境金融的介入，通过有效的政策性金融工具，提高项目的可融资性，从而在促进供应和增进需求两个方面扩大市场融资规模。

4.2.1.2 低碳技术项目融资的“死亡谷”现象

（1）技术发展的周期性和融资结构特点

技术创新通常具有周期性，一项新技术从创造性观点开始到成为充分发展的商业化产品一般经过五个阶段，即研发（R&D）、验证（Demostration）、应用（Deployment）、推广（ Diffusion）和商业成熟（Commercial maturity）阶段。在技术发展的不同阶段，对公共资金和商业性金融都有不同的适应性要求，并且融资状况对技术发展阶段的推进有着重要影响。

一般而言，技术发展中的商业性和私人性的融资来源有种子资金或孵化资金、天使投资、风险资本（VC）、债务融资、私人股权（PE）等，这些融资来源在资金规模、投资期限、风险承担能力上都具有各自的特点。如表4-1所示。

表 4-1 技术创新发展中的私人和商业性融资来源及其特点

	种子资金或孵化资金	天使投资	风险资本	债务融资	私人股权
资金规模	小	小	中、小	多种规模	多种规模
期望投资回报期限	长期	长期	中、短期	中、长期	中、长期
风险容忍度	高	高	高	低	低

新技术的实验室研发阶段所需资金相对较少，但是风险较大。种子资金或孵化资金和天使投资的资金规模较小，但是风险容忍度都较高，并且其投资策略所期望的投资回报期限较长，通过提供资金来启动项目以换取所有者权益。这两类资金是新技术研发阶段和产品实验验证阶段的主要私人资金来源（见图4-3）。随着技术开发从产品实验验证进入到应用研究阶段，对资金的需求规模增大，并且研究风险依然较高，这个阶段涉及的私人资金来源主要是各种风险投资资本。风险投资的资金规模通常多为中型和小型，承担高风险追求高回报，风险投资通常计划在较短的时间撤出投资，所以风险投资资本多集中于新技术应用型研究阶段。

当技术发展进入到市场推广研究和商业化发展前期阶段后，技术和市场风险减少，投资回报下降，资金规模增大，因而都不再是风险投资资本和天使投资者的投资目标，而规避高风险的银行贷款等债权类融资和包括私募股权在内的权益类融资就成为主要的商业性融资来源（见图4-3）。

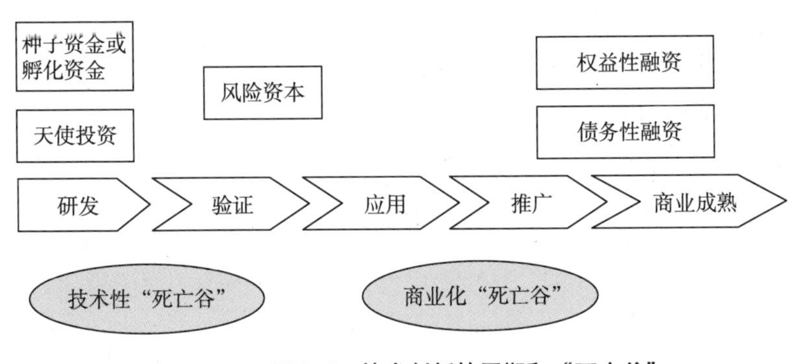

图4-3　技术创新的周期和“死亡谷”

上述技术发展周期中各种商业性融资渠道并不能完全满足新技术发展的需求，尤其在向应用性验证和商业化转变的过程中存在着极大的资金断层缺口，这种资金断层阶段被称为技术发展“死亡谷”（Valley of Death）。“死亡谷”存在于两个阶段，分别称为“技术性死亡谷”和“商业化死亡谷”。这种障碍在大多数创新性技术发展中都存在，而清洁能源和可再生能源技术创新具有资本密集型的特点，从而面临的“死亡谷”阶段更为明显和严重。

（2）技术性“死亡谷”

技术性“死亡谷”（Technological Valley of Death）处于技术发展的第一和第二阶段之间，即实验室研究后寻求更多的资本进行概念产品开发和证实其基本市场能力的阶段。在这个阶段，从事基础研究和应用研究的发明者和企业需要更多的资本以进行开发、测试、提炼技术，以便向私人资金和商业性金融证明，他们的技术能够超越最初实验室的成功而成为可进入市场的产品。新技术的实验室研究通常由大学研究机构或国家实验室进行。在向第二个阶段推进以实现从实验室到验证、应用性研究的转变过程中，要求的资金规模相对于第一阶段大为增加，种子资金和天使投资的资金规模远不能满足。进行技术的验证和精炼通常需要2~5年的时间，然而由于较高的技术、市场和管理风险，其他投资者通常不愿意资助处于早期的技术研究和产品开发，从而导致技术性“死亡谷”的出现。

新能源产业的技术发展同时具有资本密集和时间密集的特点，它通常不同于计算机网络等技术，后者这些技术发展中将创新性研究观点或产品概念转变成可证实的商业计划，其所需的资本和时间相比而言要少得多。而将创新性能源技术研究转变成应用的前期阶段需要大量的资本，时间通常长达10~15年。在第一阶段存在的天使投资，虽然能够接受和容忍高风险项目，但是这些权益性投资只能提供100万~200万美元的资金规模，完全不够将这些资本密集型新能源项目带过技术性“死亡谷”。而风险投资资本通常偏好中短型的投资期限，以便在计划的3~5年内撤出投资，新能源技术验证应用研究的较长期限则抑制了风险投资资本进入这个转化阶段。

在没有政府外部干预提供资金的情况下，有限的私人资金供应所形成的技术性“死亡谷”就可能阻碍清洁技术发展停滞在早期阶段。

（3）商业化“死亡谷”

商业化“死亡谷”（Commercialization Valley of Death）存在于经过验证的概念样本进入应用化研究的转化过程中，这是技术发展面临“死亡谷”的主要形式。技术发展经过概念验证阶段后，仍需要大量的资本投入来进行生产、制造程序设计，以验证技术具有市场开发和商业化发展的能

力。在传统的风险投资规模有限，而下一个阶段的银行信贷融资和股权投资尚未进入之前，由此存在的融资缺口也是大量技术创新最终未能成为商业化市场产品的原因。

新能源技术进入推广阶段开始初期的商业化这一进程时，其所需的设备投资等资本要远高于早期阶段的资本量。比如太阳能PV部件、GE1.5 MW风能涡轮机后期所需资金是前期的10~15倍。风险投资资本通常不偏好资本密集型项目，它可以支持实验性规模验证，但是其投资规模和新能源生产应用验证项目的需求则相距甚远。另外，新能源技术的推广和商业化发展中，投资回报随着风险的下降而降低，而风险投资具有高风险高回报的运作特点，也使这类资金对这个过程的支持有限。银行信贷和股权融资能提供较大的资金规模，但是银行等金融机构的风险容忍度非常低，通常只愿意资助经过商业化可行性证实的创新技术而非首创的新技术模式。例如银行通常只愿意对诸如太阳能、风能等已有一定成熟度的新能源技术产业提供信贷支持。

有限的风险资本和大规模传统性的债权融资资金尚未进入所形成的这个资金缺口就是商业化“死亡谷”，它成为阻碍新能源技术进入商业化推广发展进程的死亡地带。由于商业化“死亡谷”的存在，大量有希望前景的新能源技术创新成果可能无法实现完全的商业化。目前面临商业化“死亡谷”的新能源技术有：碳捕捉与封存工厂、高级太阳能制造设施、地热能、高级生物燃料生产设施等。

新能源技术发展的融资规律表明，要实现技术研究到商业化的转换目标，能否跨越“死亡谷”阶段是关键。而“死亡谷”现象的存在就是商业性和私人性资金支持不足造成的。新能源技术创新关系着社会公众的利益，公共机构承担着维护公共利益的责任，所以必须由公共部门介入帮助新能源企业解决“死亡谷”问题。所以，政策性金融机构进行干预提供融资支持就成为各国政府推动新能源技术创新发展的必然政策选择。

4.2.2　市场型政策性环境金融撬动商业性环境金融的途径

在开启市场潜力、撬动商业性环境金融发展方面，政府金融管理部门有两个渠道：一是采用一系列激励措施以创造大规模和持久的融资需求；二是从供应方进行干预，协调相关方的行为。

政策性金融可以通过改变风险和收益的关系提高项目的可融资性。市场型政策性环境金融以公共财政机制为依托，通过政策性银行等机构，利用创新型的环境金融管理工具，提高低碳项目投资的收益，或降低项目方承担的部分风险（如图4–4所示），从而提高项目的可融资性，激发企业低碳环保项目投资的实际需求，从而激励商业性金融机构开展环境金融业务的积极性，提高环境金融的供应。

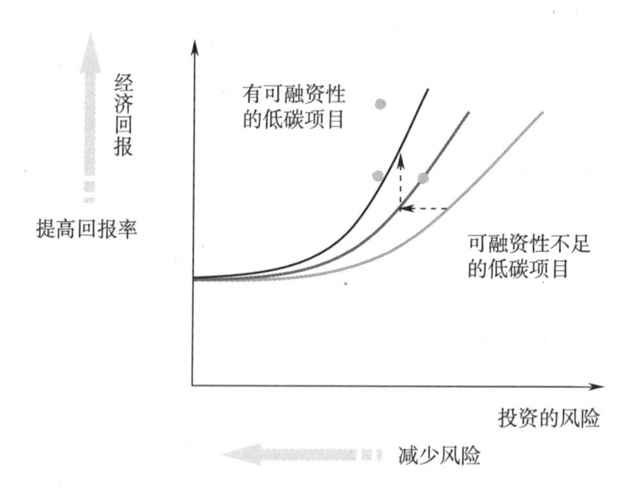

图4–4　低碳项目可融资性提升的途径

提高项目投资回报率的方法主要有公共财政的补贴和政策性银行提供的贷款贴息、减免安排、优惠贷款（中间贷款）等，这些手段能消除前期高投入成本的障碍，降低筹资方的融资成本，提高项目的经济可行性，从而提高了项目的可融资性，促进投资需求的实现。接受优惠贷款和贷款利息补贴的金融机构，由于在既定风险下收益增加，补偿了金融机构相对于传统信贷投放的风险溢价，进而提高环境金融资金供应。

在收益一定的情况下，通过控制风险也能提高项目的可融资性。政府可以通过政策性金融机构为低碳环保技术开发融资提供的信用增强支持，提升投资需求，这也能促进商业性金融机构供应的增加。联合国环境

 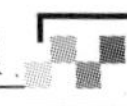

规划署UNEP（2009）报告[①]中提出，公共部门可以以“次级权益”地位（subordinated equity positions）或“首要损失权益”（first-loss equity）地位直接向低碳项目投资。在“次级权益”地位情况下，项目投资收益将首先划拨给私有投资者，而公共部门仅在私有投资者的回报达到预定金额时才有权收取投资回报。而在“首要损失权益”的政策性金融和商业性金融的合作安排中，政策性金融承担低碳技术项目先期启动运作中的高风险，如果项目失败，政策性金融机构首先以其投入的资金承担损失，以尽量降低初期项目失败时对私有投资造成的经济损失，这样可以大大降低商业性私有投资机构的投资风险，提高金融机构贷款投资的意愿。

为使环境金融业务成为商业性金融机构的主流业务，就需要大规模、持久和稳定的市场需求，从而使金融机构能够将内部能力构建的前期投资合理化，推动金融产品的标准化。而标准化可以降低交易成本，普及环境金融的创新产品，从而进一步促进环境金融产品的需求和供应的增加。为此，政策性金融机构还可以和政府其他经济管理部门合作，完善环境金融发展的外部环境。例如，提升对环保节能项目和技术的需求，帮助企业克服由于其他竞争性的需求而导致的投资动机阻碍，稳定和扩大清洁技术项目发展对环境金融产品的需求；政策性机构加大清洁节能技术特征宣传，对关键环境技术提供技术支持，消除由于信息不对称所导致的消费者信心不足问题。这些创新性的政策性环境金融工具都是以激励、推动商业性金融机构主动进行环境金融业务为目标，都属于市场型的政策性环境金融工具的创新。

图4-5归纳了市场型政策性环境金融杠杆放大商业性环境金融的主要途径（政府对克服低碳技术项目中“死亡谷”阻碍的支持手段将在下章国际经验中展开）。

---

① 联合国环境规划署UNEP《利用公共财政机制激励私有部门应对气候变化的投资》报告（2009）。

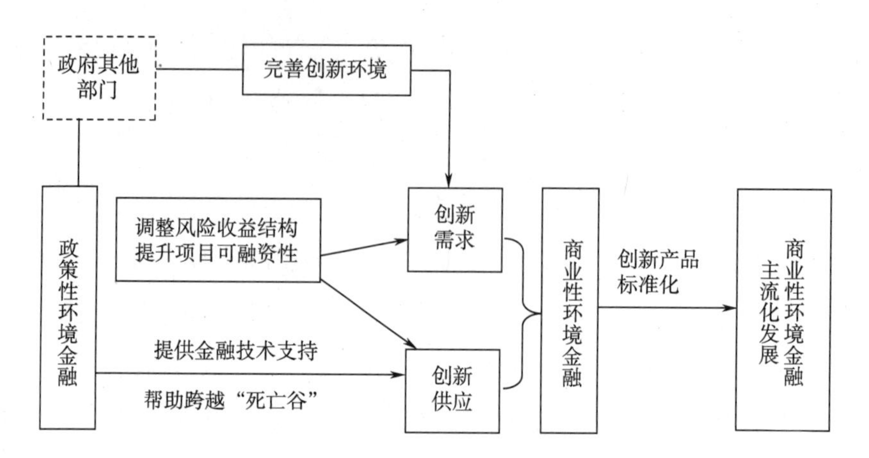

图4–5　市场型政策性环境金融撬动商业性环境金融的途径

在政策性金融对环境金融产品供求的推动下，商业性环境金融发展创新活跃，环境金融产品逐步标准化而成为商业性金融机构的常规主动选择，这样就能达到环境金融成为商业性金融机构主流业务的目标。这一过程就是通过市场型政策性环境金融带动主动型商业性环境金融发展的市场导向型环境金融的发展过程。

5 基于市场的环境金融国际实践及经验分析

环境金融作为新兴领域，以欧美为代表的国际商业银行环境金融产品已较为丰富，环境类社会责任投资已经进入欧美资本市场主流，同时，国际经济金融机构和一些国家的政策性银行在推动商业性环境金融发展领域也进行了一系列创新活动。为此有必要对国际金融领域的主动型商业性环境金融和市场型政策性环境金融方面的实践及经验进行分析。

5.1 商业银行环境金融发展实践

商业银行是商业性金融的主要构成，商业银行能否基于利润自主追求而进行金融创新开展环境金融业务，环境金融能否在银行界普及和扩散，这些都是自主型商业性环境金融发展的重要方面。

5.1.1 商业银行环境金融发展概况

5.1.1.1 商业银行环境金融的基本进展

相对于其他行业，银行业作为金融中介对环境问题挑战的反应相对迟缓，银行业传统上认为其自身内部运作对环境的直接影响较小，但是由于信用中介、融资中介和金融服务中介的经济功能，银行业对环境的间接影响是巨大的。虽然银行业整体上应对可持续发展挑战的反应比较缓慢，但是银行业也正处在变化之中。

在世界各国间以及各国内部间，商业银行环境金融发展都还存在比较大的层次差异。可持续金融研究专家Marcel Jeucken（2001）将银行对待环保态度的发展过程分为抗拒阶段、规避阶段、积极阶段和可持续发展阶段。大多数银行在初期采取对环境责任的抗拒防御态度，属于掉队者（Stragglers）；规避阶段的金融机构属于追随者型（Followers）；后两个阶段属于环境金融发展的领跑者（Front-runners）。Jeucken对按资产排名世界前80强银行中的34家欧洲、北美、澳大利亚和日本的银行分别进行了研究，根据他们从1998年至2000年间所报告的环境和社会效果，从接受UNEP和ICC等作为行为准则、发布环境报告、建立环境管理的内部体系、制定环境政策、进行环境风险评估、开发环境金融产品以及参与社会生态活动等方面进行了研究。其中有10家银行（占30%）属于先行者，在环境金融领域非常积极主动，6家银行（占18%）属于跟随者，有18家银行（占53%）属于掉队者。前两类银行的环境金融发展都属于主动型。而掉队者类型银行的环境金融大多是规避型。可见，银行对环境保护相关业务的态度和管理认识决定了其环境金融的发展。

然而，仅仅通过一些国际性大银行的实践不能就此对银行业环境金融进展得出乐观的结论。正如Jeucken指出："仅仅关注和倾听那些积极领先的银行例如ING、UBS 和Deutsche Bank，可能会得出银行业正在积极进行环境金融的错误印象。"Jeucken 认为截至2000年，西方银行业从整体上而言，在环境金融领域不够积极，需要外部力量来推动，这些力量包括政府、NGO和社会的作用。

近年来欧洲和北美银行界在接受可持续发展思想、环境金融的组织管理到业务品种的创新活动方面都有一定进展。美国银行从20世纪80年代末开始，开始关注客户的环境风险。欧洲银行从20世纪90年代中期开始制定一些关于环境问题的政策。欧洲银行相对于美国银行来说对环境风险评估的关注要少一些，更多关注内部的环境政策以及随后的环境金融产品的开发。这主要是由于欧洲呈现出较高的消费者环保意识和政府支持的影响力以及欧洲国家政府在环境法规上的积极行动，环境知识的增长和媒体报道的影响也刺激了各类利益相关者对"绿色"金融产品的需求。联合国环境规划署金融行动机构（UNEP FI）北美工作组（NATF）2007年对北美金融部门进行的调查报告中指出，与北美银行相比，欧洲、澳大利亚及日本地区的银行在绿色产品和服务开发方面更加积极主动和具有创新性。从各国商业银行环境金融发展所处的发展层次差异看，欧洲银行界在环境

金融领域发展相对处于较为领先的位置，尤其是英国、荷兰等国的一些商业银行。此外，在国际金融领域中，可以认为接受UNEP FI、赤道原则（EPs）、EPE等自愿性原则，并在银行内部管理及产品创新方面都采取实质性变革的商业银行属于银行界环境金融发展的领跑者。

UNEP FI 2007 NATF报告中指出："多数北美传统银行未实行绿色银行实践，或积极地寻找环保行业或公司的投资机会，此种情况直至数年前才有所改善。"随着北美环保意识的快速增强和近几年美加政府对环保问题态度的重大转变，对照欧洲的发展，北美地区绿色金融产品的需求也开始与日俱增，"绿色金融产品和服务唯有在最近才较为普遍。我们（北美银行界）正经历将'绿色'金融产品积极推入到主流银行业的过程中"。

国际商业银行正在一定程度地进入主动型环境金融发展的阶段，市场化因素在环境金融发展中的作用日益明显。从欧美银行环境金融的发展过程看，欧美银行正处在向将"绿色"金融产品创新成为银行主流产品的发展过程中。但是，各国之间和各国内部之间的商业银行在环境金融发展方面还存在差异，还不能断定主动型环境金融已经进入商业银行的主体业务。从数量上看来，大多数银行的主动型环境金融业务还没有成为主流业务，发展中国家和发达国家的商业银行也还存在差距。

5.1.1.2 赤道原则和赤道银行

赤道原则及赤道银行是国际银行界在环境金融领域的重要进展，作为一种银行间绿色信贷的自愿性协议，由于参加赤道原则的大多是一些国际性的大型银行，赤道银行的运作能一定程度反映商业银行自主接受环境金融的进展。但是赤道银行的出现能否反映国际银行界已经较为普遍地接受可持续金融理念，并且在银行界内已经形成较大影响，这需要对赤道原则及赤道银行的实际状况进行分析。

（1）赤道原则及其背景

赤道原则（the Equator Principles，EPs）是由世界主要金融机构根据国际金融公司和世界银行的政策和指南建立的，旨在判断、评估和管理项目融资中的环境与社会风险的一个金融行业基准。接受赤道原则的银行成为赤道银行（EPFIs）。赤道原则要求金融机构对于项目融资中的环境和社会问题尽到审慎性审核与调查的义务，只有在项目发起人能够证明该项目在执行过程中会对社会和环境负责的前提下，金融机构才能对项目提供融资。赤道原则于2003年6月由花旗银行、巴克莱银行、荷兰银行等7个国家的国际领先银行率先宣布实行。随后，汇丰银行、摩根大通银行、渣打银行和美国银行等世界知名银行也纷纷接受这些原则。2006年7月，成员银行对赤道原则进行了修订，将适用赤道原则的项目融资规模从5000万美元降低到1000万美元，在项目分类上更加明确区分社会和环境影响评价，更加强调项目的社会风险和影响承诺，定期进行信息披露以增加项目的透明度。赤道原则在国际金融发展史上具有里程碑的意义，它第一次确立了国际项目融资的环境与社会的最低行业标准，并将其成功应用于国际融资实践中。

赤道原则是全球企业社会责任运动的产物。随着社会公众对企业社会责任与投资行为结合认知的增长，以及来自利益相关者压力的增大，一些国际经济金融组织和民间机构对金融机构在可持续发展中的角色和责任要求提出倡议。其中影响较大的有：

1997年5月，《金融机构关于环境和可持续发展的联合国环境规划署声明》（The UNEP Statement by Finanial Institutions on the Environment and Sustainable development），金融产业的成员宣布认可可持续发展社会建立在经济发展和环境保护良性互动的基础上，以平衡当代和后代之间的利益。成员承诺与政府、企业和个人在市场机制的框架内为了共同的环境目标而合作[①]。

2003年1月由非政府组织倡导、200多个公民社会团体批准了《关于金融机构和可持续性的科勒维科什俄宣言》[②]（Collevecchio Declaration），该宣言指出金融机构能够也应该在提高环境和社会可持续性中扮演正面角

① http：//www.unpri.org.

② The Collevecchio Declaration on Finanial Institutions and Sustainability.

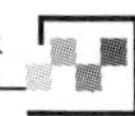

色，呼吁金融机构接纳六项承诺原则，即可持续性、不伤害、负责任、问责度、透明度以及可持续市场和管理。

2006年4月，由“联合国环境规划署金融倡议”（UNEP FI）和联合国“全球契约”协调制定的《责任投资原则》（The United Nations Principles for Responsible Investment），它包含了六个方面的原则和三十五条可以采取的行动建议。这六个原则是：把环境、社会和企业问题（ESG）包括在投资分析过程中；把ESG问题纳入政策和实践中；要求所投资的实体适当透露它们在ESG方面的政策和实践；在金融投资业促进对这些原则的接受和执行；共同努力，提高这些原则的执行效果；相互通报采取的行动和取得的进展。《责任投资原则》是将环境、社会、公司治理（ESG）纳入投资过程的原则，投资者自愿参与，而非强制性参与。2006年发起时有540家签约机构，代表了超过18万亿美元的资产。

这些协议、原则宣言的一个共同点在于，它们都属于自愿性协定，金融机构可以自主选择加入。由于这些自愿性协定的倡导者或者参与者大多是在跨国经营或地区经营中有较大影响力的银行，因而作为行业领头者的示范，这些自愿性接受倡议的金融机构对整个金融体系认识和重视环境、社会可持续发展，进行环境金融的创新有积极带动作用。

仅仅依靠推动政策法规的积极发展是不够的，商业性环境金融的发展通常需要较长的过程。如何尽可能地推动金融市场领域产生对称性的变化，这些自愿性协定就成为各国政策法规管束和金融机构主动性环境金融成为主流行为之间的一个缓冲。一方面，这类国际经济金融组织的协定可能推动相关国家金融经济法规某些对应措施的出台，从而在政策手段上限定金融机构业务运作的路径底线。世界可持续发展工商理事会[①]（WBCSD，2010）指出在政府和行业领导者之间更加紧密的合作趋势表明了政策法规方面的积极发展；而另一方面，随着参与金融机构的增多，领先金融机构带动更多金融机构的参与，金融创新外部性扩散，形成金融机

① The World Business Council for Sustainable Development，WBCSD.

构金融创新的攀比效应，从而可能推动环境金融更快地在金融体系扩散，有利于将环境、社会可持续的发展观融入商业性金融机构，从而成为金融市场的自发行为。所以，对这些自愿性协议下商业银行环境金融创新的实际状况进行分析，对指引政策制定、引导商业性金融机构主动性地开展环境金融业务具有重要的意义。

（2）赤道银行的实际状况

从2003年6月由花旗银行、巴克莱银行、荷兰银行等7个国家的国际领先银行率先宣布实行赤道原则以来，目前全球有78家银行加入赤道原则成为赤道银行（见表5–1）。

表5–1　赤道银行的国别分布

欧洲（33家）					
荷兰　6	英国　5	德国　5	法国　4	西班牙　4	瑞典　2
比利时　2	丹麦　1	瑞士　1	葡萄牙　1	挪威　1	
北美洲（14家）　拉丁美洲（11家）					
加拿大　7	美国　5	墨西哥　2	巴西　5	秘鲁　1	阿根廷　1
哥伦比亚　1	哥斯达黎加　1	智利　1	乌拉圭　1		
非洲（10家）					
南非　4	尼日利亚　2	苏丹　1	摩洛哥　1	毛里求斯　1	多哥　1
亚洲（6家）　澳洲（4家）					
日本　3	中国　1	巴林　1	阿曼苏丹国　1	澳大利亚　3	新西兰　1

资料来源：www.equator-prinples.com. 数据截至时间：2013年1月22日。

从图5–1全球78家赤道银行的国别分布中可以看出，欧美银行比例最高，其中欧洲共33家（占42%）、北美洲14家（占18%），表明环境可持续理念在欧洲银行界相对领先，而在发展中国家相对不是很普及。其中金砖四国中的巴西和南非银行界接受赤道原则的相对较多。

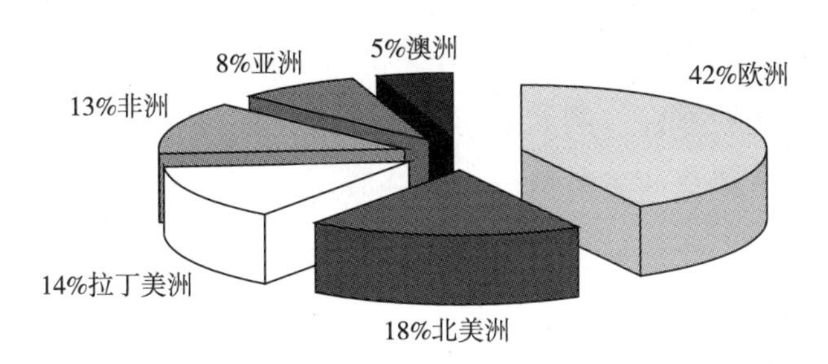

数据来源：www.equator-prinples.com. 数据截至时间：2013年1月22日。

图5-1 赤道银行在各大洲的分布

国际上对赤道原则的实际效果也存在不同的声音。银行监察组织 Bank Track（2005）发现相当数量的赤道银行没有以令人满意的方式执行赤道原则，批评许多银行有限的透明度和信息披露以及缺乏治理和问责制。Bank Track还指责一些银行利用这些原则“漂绿”（green wash）它们在发展中国家的业务，这些年一些引发生态保护争议和项目地居民强烈抵触的项目也有赤道银行的参与。

荷兰学者Bert Scholtens 和Lammertjan Dam（2007）对赤道银行和非赤道银行进行了比较，认为银行采用赤道原则的主要目的是作为有责任行为的信号。Scholtens分析了赤道银行的运营，赤道原则设计目的是在项目融资中实现可持续性发展。赤道银行通常都是大型银行，而大型银行更加关注市场声誉。在赤道银行中执行的ESG政策体系与非赤道银行管理体系有显著差别，银行需要在管理调整、项目筛选和监控方面投入精力，银行需要为此付出成本代价。而且，银行还可能会面临放弃一些存在潜在收益项目的机会成本。但是通过事件研究，Scholtens发现股东对银行宣布采用赤道原则的事件没有明显的反应，这意味着股票市场可能希望采用赤道原则并不影响所有者权益的价值。这可能与银行项目融资资产组合对银行整体活动而言只属于很小的规模有关。而且，通过银行的资产负债表和损益表等财务汇报和风险进行的统计比较分析，大多数赤道银行和非赤道银行间没有显著的不同。从市场价值和财务绩效看，赤道原则没有明显的影响，这可能是由于赤道原则所涉及的项目融资在银行贷款总额中比例较低的缘故。

所以，银行接受赤道原则的重要原因是作为市场领先者的声誉，显示其对社会责任的重视。例如汇丰银行、荷兰银行等由于接受了赤道原则后，成为了多个社会型投资指数的成分股。许多金融机构接受赤道原则部分也是出于对加入社会型投资指数的考虑。可见，赤道原则等环境金融领域的国际协议对大型和国际性银行有一定影响，但是对一般中小银行的普及影响较低。

由此可以看出，对于近年来国际范围内出现的环境金融领域的协定和倡议，不能简单认为是金融界普遍实际的变革和进展，但是它们对环境金融创新发展的积极影响也不应忽视。在市场环境中企业商业化运作和利润追逐本能的背景下，国际和国内行业性自律和民间的倡议能形成一定程度的环境责任约束，是推动金融业强化环境责任、创新环境金融产品的推动力量。这也是商业性金融机构了解和接受环境责任，实现环境可持续性业务创新的铺垫，是在行政管制型金融法规难以制定而市场型政策手段运用不足时的缓冲空间。

5.1.2 商业银行环境金融典型产品

西方商业银行在环境金融产品开发方面已有一定发展。相对而言，欧洲和北美洲银行在自身金融产品创新能力较强的基础上，环境金融产品涉及面较广，商业银行在环境金融领域中发掘商业利益，在批发业务和零售业务中都有灵活的产品创新安排，商业银行主动型的环境金融业务有较大的发展。

表5-2列举西方商业银行零售业务的典型环境金融产品。

表5–2 西方商业银行零售业务典型环境金融产品

产品	典型创新产品及特点	银行	地区
节能建筑住房抵押贷款及衍生贷款	政府主导的“绿色”抵押贷款计划，为符合环保标准的贷款减息1%	荷兰银行	欧洲
	Generation Green 房屋贷款，为新旧房屋提供的贷款，现有抵押贷款可以享受优惠利率，所有项目必须达到并超过国家要求	本迪戈银行	澳大利亚

续表

产品	典型创新产品及特点	银行	地区
节能建筑住房抵押贷款及衍生贷款	My Community Mortage 和Smart Commute Initiative Mortage 帮助贷款人购买节能型住房以及使用公共交通，与夏普（Sharp）电气公司签订联合营销协议，向购置民用太阳能技术的客户提供便捷的融资	花旗集团	美国
	加拿大国家住房抵押贷款公司（CMHC）对抵押贷款保险费提供10%溢价退款及最长35年的延期分期付款，以购买节能型住房或进行节能改造	蒙特利尔银行	加拿大
	银行与Sharp Electronics Corp. 签署联合营销协议，为客户提供便捷融资方案来购买和安装住房太阳能技术	美国银行	美国
汽车贷款	清洁空气汽车贷款（Clean Air Auto Loan）向混合动力汽车提供优惠利率，产品覆盖所有低排放的汽车类型	温哥华城市商业银行	加拿大
	go Green 汽车贷款，已成为全球公认的成功“绿色”产品	mecu	澳大利亚
运输贷款	小企业管理快速贷款（Small Business Administration Express loan），提供给卡车运输公司以资助节油技术、帮助购买Smart Way 升级设备，可以提高节油15%	美洲银行	美国
信用卡	气候信用卡，银行向世界自然基金会提供捐款，捐款数目取决于此卡购买的产品和服务的节能强度	荷兰合作银行	荷兰
	Barlay Breath Card为用户购买“绿色”产品和服务时提供优惠借款利率，信用卡利润的50%将用于资助全球减排项目	巴克莱银行	英国
	持卡人可以将Visa World Points 的奖金捐赠给投资于温室气体减排的组织，或用来兑换“绿色”产品	美洲银行	美国
	根据环保房屋净值贷款申请人使用VISA 卡消费金额，按一定比例捐献给环保非政府组织	美洲银行	美国
存款	Landcare Term Deposti是澳大利亚首个环保类存款，每存入一美元，银行将提供相等的贷款来支持可持续农业活动	西太平洋银行	澳大利亚
	Eco Deposits，全额保险的存款，用于贷款给本地节能公司。Eco Cash 支票账户费用的一部分被转入气候信托	太平洋西岸银行	美国

资料来源：UNEP FI 2007 NATF报告及相关银行网站。

银行的企业贷款和服务属于银行的批发业务，由于欧美银行混业经营的发展，商业银行在投资银行业务领域也可以混业涉及，这些领域都有银行的环境金融创新。表5-3是商业银行批发业务中环境金融创新产品代表。

表5-3 国外商业银行批发业务环境金融产品示例

产品	产品方案及特点	金融机构	地区
项目融资	风电资产组合融资，Invenergy Wind Finance Company 首类为风能项目提供全面的绿地建设融资，北美最大风能项目融资，该项目使设备和项目公司的权益得到保障，增强投资者对此类项目的信心	德克夏银行	美国
	转废为能项目（energy from waste project）给予长达25年的贷款支持，只需与当地政府签订废物处理合同并承诺支持合同范围废物处理	爱尔兰银行	英国
	替代燃料融资：为乙醇工厂等生物燃料生产商提供融资	西德意志银行	德国
商业建筑贷款	向绿色项目中商业或多用居住单元提供 0.125%的贷款折扣优惠	美国新资源银行	美国
	为 LEED 认证的节能商业建筑物提供第一抵押贷款和再融资，开发商不必为“绿色”商业建筑物支付初始保险费	美国富国银行	美国

资料来源：UNEP FI 2007 NATF报告及相关银行网站。

5.1.3 商业银行主动型环境金融发展的经验总结

从西方商业银行环境金融发展的实践案例可以归纳以下几点经验：

（1）较多银行开始进行自主创新，环境金融产品线较长

目前欧美银行界环境金融积极发展所涉及的不仅仅是本国银行界中少数的银行，或某些银行的少数产品，环境金融发展已经涉及了大中小型银行的各个层面，这些银行早已超越了规避高污染行业，避免环境责任法律风险的抗拒和规避阶段，从逆向性选择的消极回避发展到正向选择的积极投入阶段。

要使环境金融业务成为商业银行的主流业务，必须使环境金融产品创新拓展到所有产品线，尤其是两个端面必须普及，一个端面是大型项目，另一端是零售业务。赤道原则针对的是项目融资，虽然赤道原则最新版本降低了项目规模的门槛，但是还是属于银行整体业务中比重较小的大型项目。基于生态、经济和社会的原因，环境金融不能仅限于大型项目，必须对中小企业和家庭客户的产品进行创新。从上述银行环境金融产品的分布可以看出，欧美银行环境金融产品不仅仅局限于类似赤道原则范围的大型

信贷业务，在零售和批发、贷款和存款等银行业务的基本领域都有创新，并且零售业务中针对个人业务的汽车贷款、住房按揭贷款、信用卡贷款，还有中小企业适用的交通运输贷款方面的环境友好型产品创新较为灵活。

（2）挖掘零售业务环境金融的商业利益

对银行而言，零售业务需要金融机构设计大量小规模的活动，银行可能不能获得足够的现金流来创造直接收入或弥补成本。但是，银行零售业务领域的环境金融产品也能给银行带来整体净收益提升的渠道。零售业务中的环境金融创新可以衍生多种产品，提供交叉销售其他产品的机会，从而产生范围经济的效应，使银行获得额外的收益。而且这也能加强和客户的业务联系，提升银行竞争力，提高客户对银行的忠诚度，拓展客户群体。

银行环境金融发展一方面面临着新的产品风险和不确定性，但另一方面也增加了分散风险的管理手段。银行在原有零售产品的基础上开发环境金融类新产品，能拓展银行资产组合而控制和降低银行面临的风险。所以，银行通过有效的管理手段是可以消化环境金融产品开发增加的成本和风险因素，实现风险和收益的平衡。

大型商业银行在零售业务领域的环境金融创新方面要重视中小银行和地方银行的作用，因为地方性金融机构与客户联系紧密，了解客户的历史记录，理解客户的需求，大型银行通过兼并地方中小型银行或者和地方银行的合作，发挥地方性中小银行开发零售产品的优势，从而普及和拓展银行环境金融创新产品。

欧美银行的实践证明了商业银行环境金融发展是符合其商业化盈利目标的，银行环境金融业务发展不仅要重视大中型企业的绿色信贷和服务，对零售业务领域也必须同样重视。

（3）政府MBIs对商业银行环境金融发展的作用

欧美银行界虽然较少有金融行业监管部门直接的绿色金融、绿色信贷的限制性或指引性法规，但是政府也同样运用一些市场型的政策工具（MBIs）对商业银行环境金融的发展进行推动。本书在3.2.1部分分析MBIs

时指出，政府贴息、保险担保等属于价格型工具，一些西方国家政府通过贴息、补偿保险溢价等方式直接和商业银行的绿色贷款相联系，改变信贷项目的风险、收益从而改变商业银行绿色信贷的供求。

此外，政府在建筑、交通、能源节能认证方面进行的管理为银行绿色信贷产品的具体执行提供了明确的参照标准，有力地推动了商业银行绿色信贷品种创新。通过行业协会的评比和专业媒体的评奖，实现对行业领先者声誉的推动，从而营造商业银行环境金融产品创新和普及的外部环境及信息氛围。教育宣传、标签认证、信息披露等属于市场摩擦型MBIs。欧美国家这些市场型政策性环境金融管理工具的运用经验值得借鉴。

5.2 资本市场环境金融发展实践

资本市场环境金融发展主要表现为环境可持续投资、环境责任投资，在实践中大多包含于社会责任投资（SRI）体系中。资本市场的参与主体是各类资产管理机构投资者，证券交易所是主要交易平台。政府推动资本市场环境金融发展可以有两个途径，一是通过相关证券交易法规和交易所功能的创新，另一途径是推动资本市场机构投资者的环境金融发展创新。第一条途径是政府有效管理的主要内容，政府通过对资本市场有效性提高的管理，将企业环境外部性内化于市场参与企业的信息揭示中，使投资者能识别企业的环境责任正面或负面行为，进而发挥资本市场投资者对企业可持续性行为的影响。第二条途径直接联系的是资本市场商业性环境金融发展的主要内容，私营性的机构投资者能否自主选择环境责任类投资是发挥资本市场对可持续发展功能的重要部分。主动型环境金融在资本市场的发展主要体现为环境类社会责任投资等投资方式是否成为证券市场的主流。

5.2.1 证券交易所类环境金融发展

证券交易所是实现资本市场环境金融交易品种供求关系的平台，也是形成和普及环境金融产品的重要市场环境。根据国际上证券交易所的实

践，交易所可以通过促进环境责任投资的激励措施、提供交易信息和指数产品等手段实现资本市场环境金融管理和产品体系的创新。

5.2.1.1 交易所促进环境责任投资的激励措施

证券交易所除了在自身企业运营中推广企业社会责任（CSR）实践以外，还通过制定市场规则、指导和其他激励措施，促进其所在市场的CSR 和可持续投资发展。根据世界交易所联盟2009年的报告（WEE 2009 Study），目前WEE成员交易所采取的相关措施主要分为3大类：提升上市公司环境、社会责任和公司治理（ESG）意识和标准；提供可持续投资的产品信息和服务；为特定的可持续投资提供专业化细分的市场。

（1）对上市公司企业社会责任的要求

要求上市公司公布企业社会责任报告或可持续报告是交易所普遍采用的提高上市公司环境责任和环境可持续性的工具。企业社会责任（CSR）报告和可持续报告的一个重要内容就是对环境责任和环境可持续的关注。这些报告包括自愿或义务的。这一手段尤其在发展中国家被视为基础方式，例如马来西亚股票交易所（BM）、中国深交所（SZSE）和上交所（SHSE）以及台湾证券交易所（TWSE）。BM还资助对高质量CSR报告的年度奖励，泰国交易所则对上市公司的杰出社会贡献进行年度奖励。

有些国家证券交易所在对企业上市要求中就提出CSR和环境标准。例如澳大利亚证交所（ASX）在其上市规则中就有CSR揭示的要求，要求公司进行相关披露，如果不能则必须做出解释。

（2）环境可持续投资的信息产品和服务

环境可持续投资的信息产品主要包含在可持续投资指数（SI index）之中，到2009年8月有50多个这类指数，大部分是由发达国家的交易所提供。比如伦敦证券交易所集团的富时指数群（FTSE Group），美国NASAQ OMX 、NYSE Euronext都是交易所或交易所和研究结构合作提供的可持续投资指数组群。而许多新兴市场国家（例如印度和韩国）的交易所都推出了这类指数，但是通常只有一两种。而且，发达市场和新兴市场中交易所的重点不同，前者以可投资的指数为重点，用于授权以形成基金或者是根据客户特定需求而定制，而后者更多在于提升企业社会责任意识和形象、提高投资者的信心以及改变公司行为。

（3）专业设置的特定可持续投资市场

最典型的是碳金融交易市场。碳金融市场是通过对碳排放额度和信用的交易机制来作为减缓全球变暖的一个市场机制手段。目前，全球四个大洲都发展了具有标志性的碳金融交易所，例如欧洲气候交易所（ECX）、芝加哥气候交易所（CCX）、澳大利亚气候交易所（ACX）等，ECX已经推出EUA、EUR和CER类期货期权类产品，印度、巴西等新兴市场国家的交易所也已推出了碳期货、期权等金融衍生品。

在发达国家的几个主流证券交易所已经开发了自己的碳交易平台，比如NYS Euronext，NASDAQ OMX，DB和TMX Group。有些交易所积极推出专门从事清洁技术投资、可再生能源等领域投资的板块，例如LSE Group，NYSE Euronext，NADAQ OMX 和TMX Group板块。这些交易所特殊的板块市场以及这些市场上特定金融产品的创新，例如相关交易所交易基金的ETFs 产品，都是利用市场机制促进清洁技术公司上市和证券投资的金融创新。

5.2.1.2　环境类投资指数创新

目前全球主要交易所和指数商提供的低碳经济和环保产业直接相关的指数可分为两大类：社会责任投资指数和环保节能行业类主题投资指数。

（1）社会责任投资指数

社会责任投资指数和可持续发展指数属于宽基型的指数，即不区分行业，按照宽泛的ESG标准和评分体系从所有产业中挑选，其中，环境责任和环境相关产业可持续发展是其中的一个重要标准构成。

社会责任投资指数是由交易所直接或间接推出的、为投资者提供的资本市场可持续发展公司的投资方向指引。在编制社会责任指数的量化分析中，除了股本规模、经营业绩等惯用的业绩绩效标准之外，只有社会责任履行优秀且排名靠前的企业才能被选入，因此进入社会责任指数的样本公司都是社会责任绩效和企业财务绩效都表现很好的上市公司，这就保证了社会责任指数作为投资标的和参照的价值。例如著名的道琼斯可持续发展指数（DJSI）主要从经济、社会和环境三个方面评价企业可持续发展能力，应用同行业最优法则选取道琼斯全球股票市场上最大的2500家公司中指标评级前10%的公司，这些公司通常都会被投资者关注。图5-2显示了道琼斯可持续性全球指数（DJSGI）根据三重底线原则选择成分股的特点，环境方面的标准是其中一项重要构成。

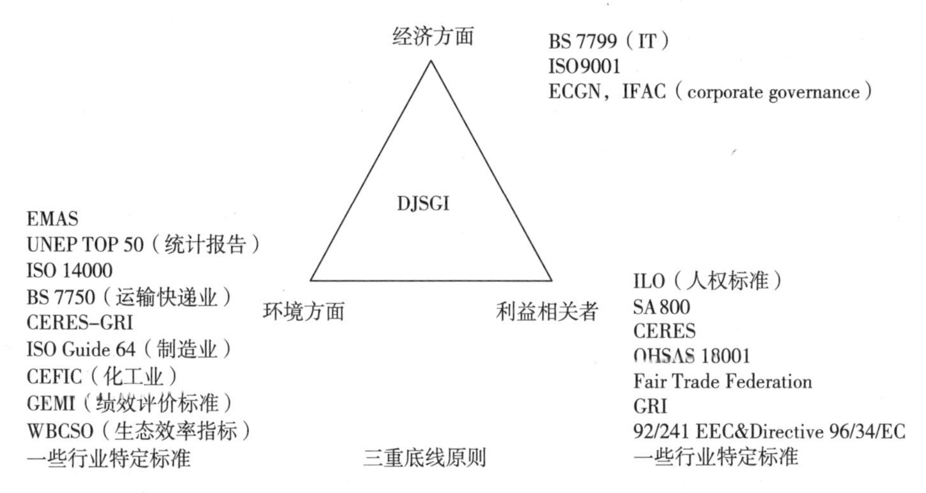

图5-2　道琼斯可持续全球指数（DJSGI）构成标准

另外，上市公司成为社会责任投资指数样本公司能提升公司的知名度和投资价值，为其在资本市场融资提供了更好的支持。这能够激励上市公司在持续经营中注重社会责任的履行，表现出更为优秀的社会责任绩效和财务绩效。比如很多公司把能成为美国DJSI成分股作为企业目标，另外一些公司把从编制DJSI的SAM公司评估中得到的反馈作为自身改进的参照。在持续改进的背景下，该指数选取成分股的准入门槛也在逐渐提高，DJSI指数系列为上市公司提高自身社会责任和可持续发展提供了推动力。

为了满足基金经理在挑选投资组合上对社会责任投资的需求以及反映社会责任投资市场行为表现，许多发达国家和新兴市场经济国家的证券交易市场都推出了社会责任投资指数。表5-4包含了目前欧美、亚非等金融市场主要社会责任投资指数。

表5-4　国际金融市场主要社会责任指数和可持续发展指数

指数名称	发布者	发布时间	选取条件/成分构成
多米尼400社会指数 Domini 400 Social Index	KLD Research & Aanlytics.，Inc	1990	美国400家公司股票
道琼斯可持续发展指数 （DJSI）	S&P Dow Jones Indices 瑞士SAM	1999	全球2500家大公司中 产业表现前10%的企业
卡尔弗特社会指数 Calvert Social Index	Calvert集团	2000	1000家美国上市公司组成
富时社会责任指数系列 FTSE4Good Social Index	英国伦敦证券交易 所金融时报	2001	排除一些行业的基础上，制 定特别标准筛选企业
Jantzi 社会指数 Jantzi Social Index	加拿大Jantzi Research Dow Jones Indexes	2000	60家加拿大公司
Ethibel 可持续发展指数 Ethibel sustainability Index	比利时Vigeo SA	2002	1000家欧洲公司
JSE社会责任指数JSE Socially Responsible Investment Index	南非	2004	2004年74家，2008年调整为 105家公司
企业可持续发展指数 The Corporate Sustainability Index	巴西	2005	BM&FBOVESPA上市公司中 评选
TOPLX 1000社会责任指数 TOPX 1000 CSR Index	日本	2006	1000家在TSE上市的符合标 准的日本公司
DAXglobal 可持续发展指数 DAXglobal Sarasin Germany Index	德国	2007	满足Sarasin Sustainability Matrix标准的德国瑞士公司
标准普尔ESG印度指数 S&P's ESG India Index	印度	2008	50家印度市场最佳公司
KEHATI 社会责任投资指数 SRI-KEHATI index	印度尼西亚	2009	Indonesian Stock Exchange 上 市公司中评选
KRX社会责任投资指数 KRX SRI Index	韩国	2009	70家社会责任表现优秀的公司
恒生可持续发展企业指数 Hang Seng Corporate Sustainability Index	中国香港	2010	市场价值前150名的股票中可 持续评价前30名

资料来源：根据相关指数公司网站资料整理。

欧美国家的SRI指数发展程度高，一些著名的市场标志性指数都推出了精细分支指数，构成SRI指数群。其中有较大影响力的SRI指数群有：道琼斯可持续发展指数系列（DJSIG），包括全球指数DJSI World Index、三个区域性指数DJSI Europe and Eurozone Index、DJSI North America and United States Index、DJSI Asia Pacific Index和一个国家指数DJSI Korea Index；英国富时社会责任指数系列，包括FTSE4Good UK 50 Index、FTSE4Good Europe

50 Index、FTSE4Good US 100 Index、FTSE4Good Global 100 Index。

欧美两大交易所分别于1999年推出DJSG Index和2001年推出FTSE4 Good Index指数以来，世界主要交易所都已推出可持续投资指数和SRI指数，这都标志着可持续投资进入主流资本市场。

（2）环保节能行业类主题投资指数

另一类环境类投资指数指的是低碳经济行业指数和环境主题指数。可持续指数类别中的行业型指数包含的成分公司是从事应对可持续发展挑战的产业，尤其是清洁技术、可再生能源和环境服务的产业。例如FTSE Environmental Technology Index series 和德国DB DAXglobal Alernative Energy Index。 此外还有ESG主题类型中单一环保类主题指数。环境主题指数是根据确定的节能环保相关主题，按照一定的规制构建的指数。例如新能源指数、自然资源指数、气候变化主题指数等。新能源指数目前主要分为替代能源、清洁能源、核能三类。替代能源主要是选取生产可替代的、非化石原料能源的公司；清洁能源主要是提供清洁能源以及清洁能源生产技术和装备的公司。这类指数的第一个例子是2008年发布的NYSE Euronext Low Carbon 100 Europe Index。近几年里社会责任、环境可持续发展、新能源等指数保持着快速发展，并且细化出更加具体的主题，比如高能效运输、清洁科技和环保科技都是遵循环保、绿色等原有主题，但是更为细化。高能效运输主题关注的是节能运输技术，清洁科技和环保科技关注的是绿色科技。或者是多种主题融合成为更为宽泛的主题，比如生态和环境机遇主题指数都分别涵盖了清洁能源、水、环境服务（废品处理）等主题。

主题指数能反映投资主题的市场表现，同时主题指数也可为作为重要的投资载体。通过跟踪复制主题指数，投资者可以在透明、低成本的条件下实现相应的主题领域的投资。环境主题指数的创新使得环境类主题投资成本更低，更具有实际操作性。目前全球主要的指数商和交易所提供的许多环境类主题指数已经开发成了指数基金、ETF等各种投资产品。

表5-5列出了国际金融市场近年来在环境主题指数领域的一些典型创新品种：

表5–5 国际金融市场环境类相关主题指数

指数名称	指数特点
FTSE 系列	
FTSE全球环境市场产业分类系统 global environmenta markets industry classification system	根据企业环境类产品和服务对企业按行业和分支进行了分类
FTSE环境机会指数系列（The FTSE Environmental Opportunities Index Series），包括FTSE Environmental Opportunities All–Share Index，FTSE EO 100 Index	FTSE与Impax Asset Management合作推出，测量环境性业务方面有较大涉入的全球性公司的运行，包括可再生能源、能效、供水、废物和污染控制，这个指数要求企业至少有20%的业务来自于环境市场和技术
FTSE KLD Global Climate 100 Index	目的是给投资者提供全球上市公司业务活动以释缓中长期气候变化的前100名公司的投资渠道
FTSE CDP Carbon Strategy Index Series	2010年，FTSE继续扩大其可持续发展指数而推出的碳战略指数
NASDAQ OMX交易板块	
The NASDAQ Clean Edge US Index（CLEN）	反映在美国公开交易的清洁能源公司的运营。包括五个分支：可再生电力生产、可再生燃料、能源储存和节约、能源技术和高级能源材料等
The NASDAQ OMX Clean Edge Global Wind Energy Index	设计目的是成为全球风能产业透明度和流动性的基准。指数包含的公司主要是风能制造商、开发商、分销、安装和使用者
The Wilder NASDAQ OMX Global Energy Efficient Transport Index	反映国际范围内开发和促进创新性交通能效模式的企业，以及从交通能效变革中获益的企业
NYSE Euronext交易板块	
The NYSE Arca Environmental Services Index（AXENV）	成分构成公司是公开上市的，从事的业务活动可能从消费者废弃物处置、工业副产品转移和贮藏及相关资源管理中获益
The NYSE Arca Wilder Hill Clean Energy Index（ECO）	反映从清洁能源使用和节能中可持续性地获利的上市公司
The NYSE Arca Wilder Hill Progressive Energy Index（WHPRO）	所选上市公司处在技术变革中，以降低来自煤炭、石油和天然气的碳排放或污染，提高能效

资料来源：Dan Siddy，Delsus Limited，A report prepared for the World Federation of Exchanges: Exchanges and sustainable investment，August 2009.

环保类投资指数的编制有利于环境指数类基金的发展，这些环境和社会类指数基金给投资者提供了实现环境责任理念和兼具投资收益的途径，

并对市场释放出引导信号。目前市场上一些著名的环境和社会责任类指数基金运作的数据为判断社会责任投资绩效提供了窗口。例如：以运作时间最长的SRI 指数FTSE KLD 400为例，从1990年到2009年间FTSE KLD400的回报率为9.51%，和同期S&P 500指数8.66%的回报率相比显然具有竞争力。盯住KLD Select Social Index的Index Fund（KLD）基金和模仿Domini 400 Social（SM）Index的DSI基金绩效都超过Vice Fund[①]，这些对投资者显然是非常好的信号。

5.2.2 环境类社会责任投资

机构投资者（institutional investors）是资本市场传统型的投资资产管理者，它主要包括共同基金、养老基金、保险基金三大类别。养老基金（pension funds）包括政府部门管理的养老基金和私营的养老基金，共同基金（mutual funds）则是个人投资者通过基金专业管理进入资本市场的形式。从图5-3可以看出，养老基金和共同基金是资产管理产业中两股最为重要的机构投资者。

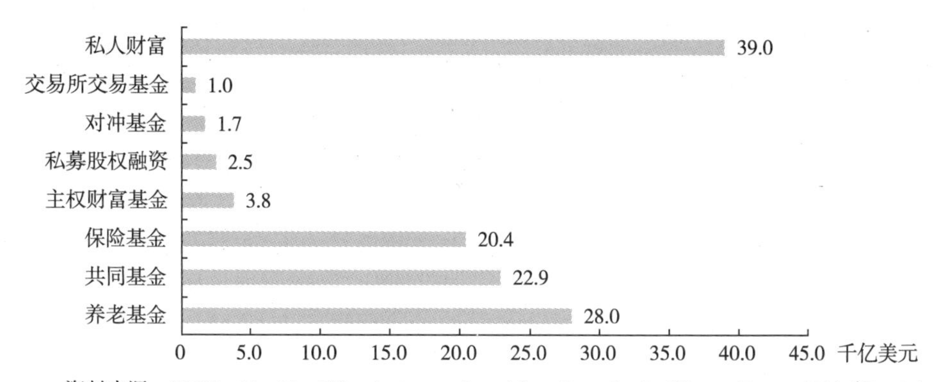

资料来源：OECD，The City UK estimates，adapted from Investing in Climate Change 2011（Deutsche bank 2011）.

图5-3 2009年全球资产管理产业所管理的资产分布

① Vice Fund是一种主动管理型基金，主要投资于国防军工、赌博、烟草、酒业等通常被SRI基金排斥的所谓“罪恶”企业。

推动资本市场机构投资者环境金融发展主要有两条途径，一是政府直接控制的公共养老基金的作用，另一条途径是推动私营机构投资者的参与，这包括私营的养老基金和各类社会责任投资共同基金。共同基金和私营养老基金参与环境类社会责任投资的程度反映了资本市场主动型环境金融创新的发展。

5.2.2.1　社会责任投资基金

共同投资基金领域的环境金融发展主要有两种形式，其一是以社会责任投资理念为指导的社会责任投资形式，其二是以环保低碳相关产业为投资主题的主题投资基金。就基金形式而言，两者也都包括主动配置型基金和被动配置型的指数基金。从环境金融可持续发展的本质和对金融市场长远影响的角度看，基于ESG价值观的社会责任投资（SRI）是本书研究的重点。

社会责任投资基金是社会责任投资方式中最常见和主要的方式。SRI基金包括两个基本类型，一个是SRI共同基金，它属于主动配置型基金，投资组合筛选方式包括消极筛选和积极筛选。另一类是SRI指数基金（SRI Index Funds），就是以某个社会责任指数成分股为投资对象的基金，属于被动型基金。近年来随着指数编制精细化发展和主题投资方式的兴起，基金市场推出了一系列以环境和社会责任类指数为基准的环境责任类指数基金，这类基金中最典型的创新产品是社会责任ETF，即交易型开放式指数基金（Exchange Traded Fund，ETF），SRI ETF复制标的指数成分，管理费用低，同时也具有交易所交易的流动性功能。例如美国KLD Select Social Index Fund模仿KLD Select Social Index，在最大限度实现环境、社会和公司治理积极因素的同时，实现S&P 500相似的风险收益特征。道琼斯社会责任指数（DJSI）市场报告指出，2012年全球有15个国家以DJSI为基础的投资工具，包括共同基金、特别账户、ETF等，金额达60亿美元。中国香港恒生指数公司发布了包含社会责任指数在内的可持续发展指数，中国香港证券交易所（HKEx）提供交易平台给ETF管理者，引导他们利用中国香港上市的这些社会责任指数开发ETF。

除了共同基金、交易所交易基金（ETF）外，美国市场上的SRI基金还有可变年金（Variable Annuities）、封闭式基金、其他投资基金（Alternatives）和其他合并类产品（Other Pooled Products）等，其中共同基金占绝对多数，SRI基金发展迅速。根据美国SRI论坛数据，1995年美国只有55只SRI 基金，共涉及120亿美元资产，而到2012年已有720只SRI基金产品，总资产达到6405亿美元。从1995年到2012年，美国的SRI资产增幅达到486%，而同期专业管理的总体资产的涨幅仅为376%，增速超过市场总体水平（如图5-4所示）。

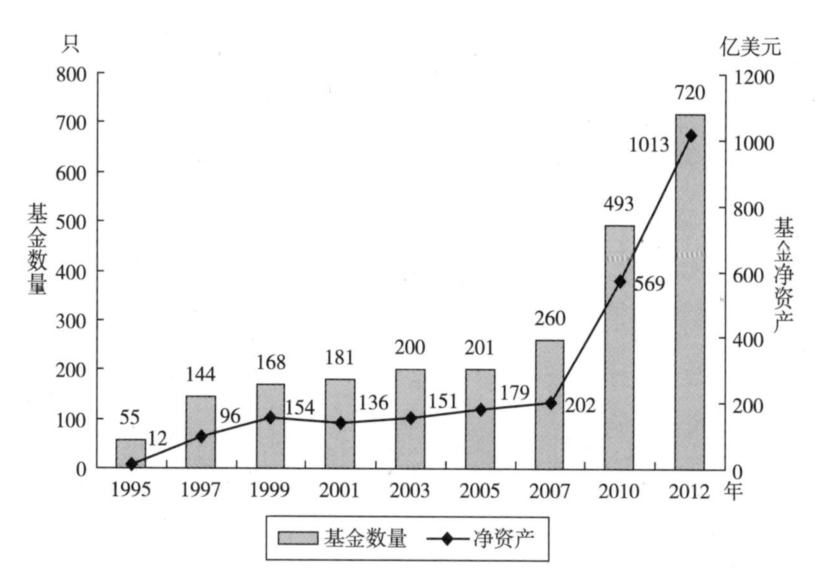

资料来源：根据2012年美国社会责任投资论坛报告整理。

图5-4 1995—2012年美国SRI基金数量和管理资产

欧洲是目前最大的SRI市场，SRI投资策略丰富。从2009年到2011年，欧洲市场上与ESG相关资产从7.15万亿美元上升到8.76万亿美元，增速大于市场资产的平均增速。可见，SRI投资方式已经成为欧美资本市场的主流方式之一。

除欧美以外，其他国家的SRI也有所发展。1999年8月日本成立第一个SRI基金——Nikko生态基金，自创立以来，到2009年日本SRI基金数量已经达到70多只。日本SRI投资者以个人投资者为主，投资者对环保认同感高，主要投资于环境相关领域。日本SRI基金投资策略使用最多的是筛选策略，因此上市公司环境报告等公司信息披露和消费者满意程度对投资者的选择有较大影响。

在新兴经济国家中，巴西和南非的SRI发展相对较多。到2009年末巴西市场上与ESG相关投资占总管理资产的比例为12%，2010年末南非这一比例为20%，亚洲的韩国、印度和中国香港、台湾地区的SRI也有一定的起步发展，但总体而言，新兴市场经济国家和地区的SRI投资规模比较小，还处于初步发展的阶段。

5.2.2.2　养老基金的社会责任投资

养老基金通过发行基金股份或受益凭证，募集社会上的养老保险资金，委托专业基金管理机构用于产业投资、证券投资或其他项目的投资，以实现保值增值的目的。养老基金通常提倡长期的投资策略以给投资者提供长期的退休收入。由于养老基金承担着基本的退休收入目标，所以各国对养老基金的资产分布和管理都提出了原则要求，尤其是安全谨慎的原则下实现收益性，一些国家对养老基金参与股票市场投资可能会有一定的限制。

养老基金由于其巨大的规模成为证券市场重要的机构投资者，所以养老基金的SRI会对资本市场SRI发展起到示范和连锁反应的作用。养老基金包括两大部分，一部分是私营性的养老基金（private pension funds），例如企业养老基金；另一部分就是由政府指定机构管理的公共养老基金（public pension funds），它受到较多的政府机构和法规的直接影响。相对而言私营性养老基金是按市场化规律运作的基金，政府可以通过法规进行间接影响。

图5-5列出了2010年七个主要国家资本市场上养老基金按资产价值划分，公共养老基金和私营养老基金的比例分布。从整体上看，七个国家中公共养老基金占35%的比例，私营养老基金占65%，其中，英国和澳大利亚的私营养老基金持有超过80%的养老基金资产，而加拿大和日本是仅有的两个公共养老金资产超过私营养老基金的国家。

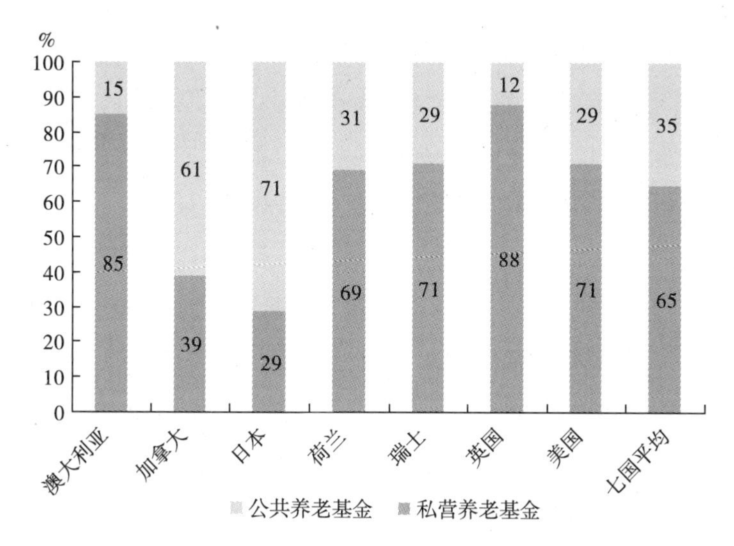

资料来源：Tower Watson，Global Pension Assets Study 2012[①]（2012年1月）。
注：根据2010年市场价值。

图5–5　七国公共养老基金和私营养老基金份额对比

亚太地区的养老基金市场上，公共养老基金也有较大的发展。在2010年全球公共养老基金排名前300名中有 5 家亚太地区养老金进入前十名[②]，它们是：日本政府养老投资基金（第1名），韩国国民年金基金（第4名）、日本地方政府官员基金（第7名）、马来西亚雇员公积金基金（第9名）和新加坡的中央公积金（第14名）。2010年中国全国社会保障基金（NSSF）的资金量达到约1300亿美元，其排名保持在全球第14位。这些基金均由政府主办。从上面的数据分析可以看出，要发挥养老基金对资本市场环境责任投资创新的影响力，公共养老金和私营养老基金都是不可忽视的。

随着社会责任投资理念的发展和在欧美的推广，欧洲国家的养老基金产业在SRI投资领域有较大的创新和发展，在国际上处于领先地位。

欧洲社会责任投资论坛（Eurosif）于2011年10月发布《2011年度企业养老基金暨可持续投资研究报告》，报告对12个欧洲国家的169家养老基金投资企业将SRI理念融入投资战略的情况进行了调查。报告显示，在进

① Towerswatson.com.
② 资料来源：韬睿惠悦2010年《养老金和投资》。

行投资决策时，欧洲企业养老基金管理者们越来越倾向于充分考虑其所涉及的ESG 因素。根据报告数据，56% 的抽样企业已制定SRI 政策，约1/4 的其他企业计划于2012年改进。60%的企业认同ESG因素影响着养老金投资的长期效果，多达66%（111 家）的企业将SRI 政策视为其履行信托责任的重要组成部分。另一项由Allianz 全球投资者（AGI）和欧洲经济研究中心（ZEW）在养老基金专家间进行的调查显示，大多数养老基金专家认为SRI 标准将在养老基金投资决策中发挥日益重要作用。

在一些OECD国家，养老基金开始运用基于ESG标准的积极/正面筛选方法进行资产管理。例如，荷兰五大养老基金之一的PME就是一个在其投资策略中运用ESG原则的养老基金例子。1999年PME基金董事会决定将其1%的资本投资于社会责任业务，这些业务除了有可接受的回报率以外，还在可持续标准方面有正面的评分。根据该基金的长期投资目标，委员会赋予社会因素指标在总组合中70%的权重（财务标准占30%权重）。那些赋予70%的因素的权重构成包括：考虑周围环境（10%），尊重供应链管理中的人权（10%），合理的公司治理（10%），尊重消费者权益（10%），考虑雇员利益（30%），考虑自然环境（30%）。从2003年开始，西班牙Telefónica养老基金将其资产的1%投资于社会和生态基金，BS Plan Éticoy Solidario投资于FTSE 4 Good Europe Index 相关资产，法国French Pension Reserve Fund 也投资了6亿欧元SRI相关投资。

5.2.3 欧美市场社会责任投资主流发展的启示

欧美资本市场SRI基金规模高速增长和主要证券交易所SRI指数的精细丰富发展都表明：包含环境责任的社会责任投资已经成为欧美资本市场的主流方式之一，欧美资本市场的主动型环境金融已经初步形成。新兴国家和发展中国家在此方面已有所起步和发展，但是离主动型环境金融发展成为主流还有差距，所以有必要分析欧美资本市场社会责任投资主流发展的经验以进行借鉴。

（1）环保运动和公众对可持续发展的关注

随着环保运动的发展，消费者、投资者对上市公司的环境责任要求也体现在其对投资基金的选择上。从20世纪90年代中期开始，一些大型国际企业血汗工厂、石油开采对地区生态破坏等行为引发了公众舆论的强烈反映，企业为防止这种问题的破坏性宣传效果而开始将社会责任纳入公司战略。

欧美国家环保法规相对领先，消费者的环保意识更为明显，投资者将其个人的环保价值观也融合到投资中。McLachlan和Gardner（2004）指出，相对于传统投资者而言，社会责任型投资者总体偏向于更年轻，受到更好的教育，并且收入更高。对于这些投资者而言，他们关注的不仅仅是减少风险和增加收益，他们也注重迎合社会的期望以及表达个人价值。所以基金管理者必须迎合和适应投资者需求，开发SRI投资品种以满足投资者的可持续投资取向。

（2）SRI投资绩效对投资者的吸引

在SRI相关研究的文献中，关于SRI绩效的文献比例占绝对多数，因为一项投资能否成为投资者普遍选择的主流方式，根本在于投资回报率是否有竞争力。Sparkes（1998）研究发现[①]，35%的投资者认为如果SRI基金只是略差于常规基金的财务收益，他们会选择SRI基金。但是研究同时发现，如果SRI财务收益明显少于常规投资，则这个比例会下降很快。所以如果社会责任投资在经济回报上没有竞争力，那么他们就只能是少数注重环保价值的伦理道德团体的选择而成为利基产品，难以发展成为市场普遍的选择。

经过起步阶段的发展，越来越多的市场数据和结论表明：SRI基金的风险调整绩效与传统基金相比毫不逊色，特别是在长期（Bauer，Koedijk & Otten，2005; Viviers et al.，2008）。例如美国第一个社会责任投资指数——著名的多米尼400社会指数[②]，其最初运作的10年（1990年5月1日到2000年

① 朱忠明，祝健等. 社会责任投资［M］. 北京：中国发展出版社，2010.

② 创立于1990年5月的多米尼指数（Domini 400 Social Index）是美国第一个以社会性与环境性议题为筛选准则的指数。该指数由KLD研究与分析有限公司（KLD Research &Analytics，Inc.）编制。

4月30日）的平均年收益率为20.83%，而同期标准普尔500指数的平均年收益率仅为18.7%。道琼斯全球可持续发展指数（DJGSI）与传统道琼斯指数（DJIA）对比，从1996年1月至2001年1月5年期收益率分别是：全球范围DJSGI为91%而DJIA为61%，美国DJSGI为151%而DJIA为107%，欧洲DJSGI为87%而DJIA为83%，亚洲DJSGI为14%而DJIA为-20%。来自ESI[①]的报告指出：将ESI各种可持续投资指数与全球权威的综合指数比较结果清晰显示，ESI全球、ESI美国、ESI欧洲和ESI亚太分别与标准普尔全球、标准普尔500指数、标准普尔欧洲350指数和标准普尔/东证150指数比较，除ESI全球、ESI美国和ESI亚太在3年期收益上低于相应的综合指数，以及ESI亚太的2年期收益低于标准普尔/东证150指数外，其他时期ESI指数收益普遍高于综合指数。

虽然对SRI投资绩效实证研究在样本规模、实证方法和结果上还存在不同观点，但是大多数研究表明，SRI有着不逊于传统投资的回报率，甚至有时表现得更出色。SRI能同时实现投资者的财务回报和非财务回报，“Make good，Make money”，这种投资方式才会成为证券市场普遍接受的投资品种。

（3）责任投资公约和证券市场CSR制度的推动

2006年，联合国环境规划署金融倡议项目和联合国全球契约共同创建了《责任投资原则》（The Principles for Responsible Investment，PRI）。到2009年10月，已经有700多个签约方签署了该协议，其涉及的总资产达21万亿美元。《责任投资原则》对国际金融市场的机构投资者了解和接受SRI起到了推动作用。2006年美国公布的《责任投资不倡议原则》（UN sponsored Principles for Responsible Investment）为散户和机构投资者确立了关注于环境、社会及公司治理问题的自愿指导原则，这份文件得到近250个签名，包括Calpers、CPRT以及纽约和伊利诺伊州的养老金计划[②]。

① ESI是比利时的伊斯贝尔ETHIBLE公司编制，由在具有可持续发展潜力的优良股票登记目录中挑选出股票市价总额较高企业组成。

② Financial Times，2008-01-09.

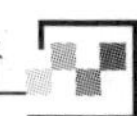

各国证券交易所等机构在上市公司企业社会责任报告、环境事故企业交易处理、社会责任指数编制等方面采取了一系列CSR推动政策，这些也为资本市场SRI的创新发展提供了条件。

（4）欧美相对发达的金融市场基础

欧美金融市场相对发达，技术基础成熟，机构投资者比例高，投资研究和交易策略方面都相对领先，金融创新能力强。例如欧洲SRI市场上94%的SRI资产是由机构投资者管理，机构投资者相对个人投资者而言，证券交易技术能力强，投资策略丰富。根据2012年欧洲社会责任投资论坛的报告，欧洲SRI主要的投资策略有七种，即可持续性主题投资，同类最优投资策略，基于一般准则的筛选策略、整合策略、排除策略、股东决议和投票以及影响型投资等。SRI产品也是机构投资者实现投资多样化策略的一种选择。

美国、欧洲、加拿大、澳大利亚、亚洲等国家和地区都成立了社会责任投资论坛或可持续发展论坛，定期发布社会责任投资报告。欧美国家一些专业的SRI研究机构如Innovest，KLD，New Energy Finance在SRI研究和产品创新方面都有突出的表现，SRI的研究机构从信息的收集者变为信息的挖掘者，SRI信息的丰富和深入都有利于SRI和可持续投资的深入发展。

（5）重视发挥养老基金对SRI的带动作用

欧洲OECD国家政府对养老基金SRI投资方面采取了有影响力的措施，从而也发挥了养老基金对SRI的带动作用。

政府推动养老基金接受SRI成为投资决策考虑基础的政策主要有两种形式，一是通过由公共管理部门直接拥有和控制的养老基金中运用SRI标准。例如，代表挪威政府养老基金管理的Norges Bank撤出了他们在沃尔玛的投资，因为沃尔玛在雇员权益保护方面存在缺陷；加利福尼亚公共雇员退休计划（CalPERS）所公开的撤出泰国等多国家投资也是因为ESG因素。二是政府采取间接的管理手段，OECD成员国通常倾向于监管养老基金投资活动的社会和环境效果揭示，而不是直接要求养老基金按某种方式投资。政府同时提供激励手段和指导帮助，以消除养老基金进行环境社会责任投资的障碍。

英国是OECD国家中第一个要求SRI信息揭示的国家。2000年6月，英国养老金法案经过修改后要求职业养老金的信托受托方揭示其在社会责任投资方面的政策。其后奥地利、比利时在2003年，法国、德国、意大利、西班牙和瑞典在2004年都采取了类似英国的SRI信息揭示法规。2000年日本养老基金协会颁布标准，对私营养老基金间股东活动提出标准，标准号召养老基金协会的成员鼓励公司履行他们的社会责任，包括促进和顾客、雇员和社区的关系以及他们的环境影响。南非政府就业养老基金（GEFP）管理了南非一半以上的养老金资产，GEFP在2006年签署了联合国环境规划署颁布的《责任投资原则》，并公开表达其进行责任投资的意愿。由于养老基金规模较大，这些立法将对SRI部门作为一个整体而产生重要的连锁效应。De Cleene and Sonnenberg（2004）认为政府的相关立法影响是推动SRI国际发展的最大动力之一。

对养老基金参与SRI 投资发展影响最重要的因素是其风险调整后的收益率和传统投资品种的比较。大多数养老基金更关注于低风险的投资，即经过通货膨胀调整的稳定收入流。为适应养老基金投资在安全、收益和流动性方面的特殊性，政府可以采取有效的激励措施。具体形式可以是担保、税收激励，以提高养老基金投资SRI产品的收益稳定性。同时创造合适的金融工具，提高市场流动性。为确保市场上有合适投资级别的环境责任类投资品种可供选择，政府可以创造提供合适的经风险调整的、具有长期收入机会的品种。例如，专门于低碳清洁项目早期阶段融资产品，专门与公共部门的或者和私营部门合作的投资，或者是公共部门持有次级权益的基金。发行绿色债券同样能提高这些市场的流动性，从而提高市场的深度和规模发展。另外，通过行业组织和政府资助的方式，给养老基金提供技术指导和人员培训，完善养老基金的公司治理，也是消除投资障碍的支持性政策措施。

可见，满足投资者环保意识、较有利的投资经济绩效是SRI发展的需求激励，实现资产多样化是SRI供应方的考虑，西方资产管理机构领先的

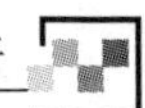

基金管理能力是供应的基础，而公民环保运动、政府SRI市场基础构建和行业责任投资倡导是推动资本市场环境及社会责任投资发展的有利创新环境。

5.3 市场型政策性环境金融运作的国际经验

5.3.1 市场型政策性环境金融工具

为应对气候变化和保护环境，国际间一些跨国或多边的金融机构和政策性金融机构进行了大量的工作，例如国际多边金融机构世界银行（WB）、国际金融公司（IFC）、亚洲开发银行（ADB）、欧洲开发银行（EBRD）、欧洲投资银行（EIB），以及UNFCCC 框架下的资金机制全球环境基金（Global Environmental Facility，GEF）和适应基金（AF）等多边基金，还有欧洲一些国家的政策性或开发银行，它们对发展中国家提供了一定的应对气候变化和环境保护的资金支持和技术合作，这些实践对发展中国家金融管理部门运作市场化政策工具和推动市场导向型政策性环境金融发展都有一定的借鉴作用。

发展中国家政策性金融机构传统的金融支持手段是提供拨款或低息贷款，这些方式带有行政特点，容易取代商业性金融，并且总体资金资助的力量有限。采用基于市场的金融工具则可以带动的商业性资金。根据上述国际机构的实践资料，政策性金融机构可以采用基于市场的工具（MBIs）运用于环境金融领域，其典型方式有以下几种：

（1）提供信用额度

信用额度、授信额度（credit line）是银行根据企业或个人的资信和潜在还款能力向客户发放的最高金额的信用额度，个人或企业在申请贷款时不需要事先得到银行批准。在对低碳环保技术项目的融资支持中，政策性银行可以通过授信额度方式提高商业性金融机构对低碳环保产业的贷款发放。

信用额度可以提供给借款企业，也可以提供给商业银行。对项目企业提供的信用额度支持可以提高项目的可融资性，提高企业融资需求。对商业银行提供授信额度可以为商业银行清洁能源等项目的中长期贷款提供必要的流动性，缓解银行资金头寸的压力，从而能降低利率，一定程度地消除高利率对绿色信贷市场需求的阻碍。政策性金融机构通过信用额度方式能分担融资结构中的风险。政策性金融机构提供的信用额度可以建立在有限或没有追索权的基础上，或者是提供次级债务，从而承担融资结构中的较高风险，降低企业的投资风险，提高借款需求，或者是促进商业银行对目标产业和项目的直接信贷，放大商业性融资。

对商业银行提供授信额度相对于对项目企业提供授信的方式更可取，因为这种方式有利于商业性金融机构累积经验，帮助商业性金融机构在对低碳、新能源等新领域信贷的学习曲线上推进，降低管理成本，从而拓展相关业务的规模，提高低碳技术项目信贷的供应。这对地方金融机构建立和发展清洁能源等项目融资供应能力方面尤其有帮助。

信用额度方式虽然在清洁能源等融资中被经常使用，但是它们的杠杆潜力相对低，所以不是非常适合于发展中国家。这些国家基础融资不在于缺乏流动性，而是更缺乏对银行提供的激励，帮助它们处理低碳环保信贷业务面临的收入不确定性和较高的风险。

（2）担保

担保方式（guarantees）是由政策性金融机构对商业性金融机构提供的，分担商业银行项目融资信贷风险的安排。当金融市场利率相对合理，并且有大量的商业银行对目标市场感兴趣时，担保是金融市场一个合适的手段。担保通常是部分担保，即通常覆盖未归还贷款本金的50%—80%，这就确保商业银行仍然承担一部分贷款组合的风险。当贷款发生违约时，采取补救措施仍然是商业银行的责任，从而促进银行谨慎性地贷款，并且符合公共干预应该仅限于承担和政策相关风险的原则，不挤占商业性金融本身可以自主承担风险开展的业务。担保方式将商业银行置于评价项目风险的更佳位置，从而帮助银行在管理清洁能源等贷款组合中获得经验，使银行能提高自主地进行环境性贷款的能力。

（3）或然性拨款以及或然性贷款

或然性拨款（contingent grant）不同于传统的拨款、赠款，或然性拨款在项目成功时款项需要偿还，但是如果项目未能成功则款项成为赠款免予归还。项目的参与方视拨款为一笔短期的无担保贷款，包含在项目的总成本中。

或然性贷款（contingent loan）与或然性赠款不同，因为贷款是作为借款企业的债务处理，因此相对于或然性赠款，其偿还顺序要优先于或然性赠款（赠款可以作为项目方的资产或项目权益）。或然性贷款和其他贷款一样有相似的还款安排和利息支付。但是和或然性赠款一样，如果贷款失败，则或然性贷款不必偿还。

例如，亚洲开发银行在中国的风能发展项目就结合了GEF融资的或然性贷款，专门针对在中国进行商业化风能投资的两大关键障碍：较高的交易成本和预计的风能技术风险。这些项目在新疆、辽宁和黑龙江进行，初始投资成本高，在融资安排中引入或然性安排以分担与风能资源可获得性和涡轮机运作相联系的风险。这个项目的可行性数据表明风能场能够有足够的回报来完全按照商业化的基础运作，因此GEF贷款将被偿还，以及偿还亚洲开发银行提供的贷款债务。只有在能源和技术运行远远达不到可行性预测，并导致经济成本时，GEF 的贷款才会部分或全部地免除。

上述政策性金融机构的环境金融MBIs中，政策性银行通常处于“次级债权”或“首要损失”的地位，这种安排能降低商业银行承担的贷款风险，有利于促进商业性贷款的增加。同时，政策性金融机构通常采取和商业性金融机构合作的模式，使商业银行在开发环境金融业务上居于一定的主动地位，有利于推动商业银行主动进行环境金融创新产品的技术学习。

5.3.2 突破低碳技术发展“死亡谷”的政策性融资支持

在本书第4.2章节解释了技术发展应用性验证和商业化转变过程中存在着极大的资金断层缺口，即商业性金融断层的阶段，这两个阶段分别被称为“技术性死亡谷”和“商业化死亡谷”。“死亡谷”阶段会导致节能环保新技术发展进程的停滞，使大量的新技术开发应用可能最终因为资金的缺乏而夭折。一些国家为推动新能源和清洁生产技术创新和产业发展，对低碳环保技术项目融资的阶段性瓶颈采取多种融资手段和机制方面的创新措施，这些公共融资措施可以通过公共财政渠道，也可以通过政策性金融渠道，或者二者的合作方式。政府可以采取直接贷款和拨款的方式，但是这种资助方式的支持力度有限。对资本密集型新能源等产业的发展，对面临“死亡谷”困境的低碳环保技术项目进行融资支持，政府更主要的是通过和商业性金融机构的合作，通过政府提供的资金支持撬动更大比例的商业性资金进入，帮助清洁技术发展跨越“死亡谷”而进入商业性金融可以自主进入的阶段，由此尽可能地发挥公共财政资金对商业性资金的杠杆放大效应。

（1）突破技术性“死亡谷”的公共融资支持

在技术“死亡谷”阶段，一方面，政府鼓励多种形式私人资金投资的发展，包括种子基金、天使基金、创业基金、创业板；另一方面，政府通过财政资金和政策性金融机构提供支持。例如美国能源部的先进能源研究计划署（ARPA-E）对技术开发和帮助企业跨越技术“死亡谷”发挥了有效的作用。ARPA-E每个项目的资助金额在200万美元到1000万美元之间，目的是使ARPA-E资助的项目因其良好的研究工作而获得私营部门的认可，从而获得私营资本投资。从2009年到2010年，美国ARPA-E投资了3950万美元于11个先进能源项目，使这些技术创新研究能克服技术障碍，帮助产品创新研究企业进入到能够吸引私人资金投入的阶段，这些企业共吸引超过2亿美元的私人性投资，这项初始公共投资撬动私人资金的杠杆比率高过5 : 1。2012年中ARPA-E资助的5个项目中，涉及先进电网规模的储能电池、创新生物燃料生产工艺以及废热回收等领域的创新机构，资助金额共计1550万美元，吸引的私营部门投资资金则超过1亿美元，杠杆比率达到7 : 1。

（2）突破商业化“死亡谷”的公共融资支持

在商业化“死亡谷”阶段阻碍银行项目融资和资本市场股权融资的主要因素是投资的风险，所以吸引商业性资金进入从而帮助新能源开发企业跨越

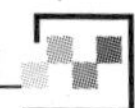

商业化“死亡谷”的核心在于：降低或分担商业性金融机构的投资风险。

政府机构通过和商业银行合作，公共资金可以带动商业性资金对新能源技术开发和商业化普及过程的支持。目前各国政府所采用的和商业性金融机构合作的融资工具有：贷款担保、软贷款、或然性贷款等，还可以通过能效保险或再保险方式和商业性保险公司合作，吸引商业性保险公司对前沿技术的新能源企业提供保险。

政府可以通过专门的投资机构或者通过政策性银行来实现这个过程。例如美国的清洁能源开发管理局（CEDA）是由政府投资启动，独立运作的非营利性私营性机构，是政府的投资代理机构，其目的就是引导资金，促使创新技术跨越商业化“死亡谷”。CEDA 主要重心在于加快商业化阶段具有独立吸收资金前景的先进能源技术的商业化转换率。该机构通过提供直接融资或贷款担保、股权投资、再保险等多种金融工具，降低创新型能源技术的投资风险，使新能源企业能吸引放大规模的私人和商业性资金投资。

随着政策性资金带动大规模的商业性资金进入，帮助新能源技术企业跨越商业化“死亡谷”，进入商业化成熟期，则商业银行的项目融资和资本市场的股权融资等商业性金融就可以成为主要的融资来源。

美国ARPA-E 、CEDA的经验体现了政府公共资金对新能源技术创新发展资助的原则思想，即强调政府公共资金对商业性金融的额外性功能，发挥公共资金的杠杆作用以吸引更大规模的私人资金，使更多的本国新能源创新研究能够不被“死亡谷”阶段阻碍。同时，由于新能源、清洁生产等低碳产业具有高科技发展的专业性和特殊性，政府可以设立专业性的政府投资代理机构来执行政策性环境金融的管理创新。

5.3.3　基于市场导向的国际政策性金融机构运作案例

根据国际气候谈判和合作达成的安排，一些国际政策性金融机构对发展中国家提供了应对气候变化的资金支持。包括中国在内的发展中国家近年来接受了世界银行（WB）、国际金融公司（IFC）、亚洲开发银行（ADB）、欧洲投资银行（EIB）等国际多边金融机构，全球环境基金（GEF）等多边全球气候基金，以及双边开发机构（如KFW、AFD）的资金支持和技术指导。这些经验对研究如何通过财政和政策性金融创新促进国内私人和商业性环境投资和环境金融创新具有借鉴作用。

（1）德国复兴信贷银行集团案例

复兴信贷银行集团（KFW）是德国国有开发银行。针对中小企业建筑能效改造、使用可再生能源等项目难以从商业银行得到贷款的问题，KFW通过与当地商业银行合作（转贷）为能效和可再生能源的应用提供长期、低利率的优惠贷款和部分赠款。

KFW为气候和环境保护项目提供了大约200亿欧元的贷款，约占其2009年业务总额的三分之一。KFW项目资助的领域主要包括地源热泵、生物质供热和太阳能热利用等。如果建筑能效改造项目能够符合“KFW节能住宅标准”[①]，KFW还提供投资补贴/赠款。2011年3月开始，KFW支持可以显著减少能源消耗的建筑能效设施的更新，如安装新的供热系统、进行屋顶隔热改造或更换窗户等。

KFW项目提供贷款的期限为30年，其中有5年的免偿还期以及十年的固定利率期。对按照“KFW节能住宅标准”进行改造的项目可以选择获取贷款（以及部分补贴）或赠款。若选择申请贷款，贷款的最大额度是7.5万欧元，补贴为投资额的2.5%~12.5%不等；若仅获取KFW的赠款，赠款在投资额的5%~17.5%不等，例如达到“KFW节能住宅55标准”的项目可享受投资额17.5%的赠款（不超过1.3万欧元），而达到“KFW节能住宅115标准”的项目则可享受2.5%的投资赠款（不超过2500欧元）。KFW项目具体的执行是通过地方性的商业银行向客户转贷资金（如图5-6所示）。

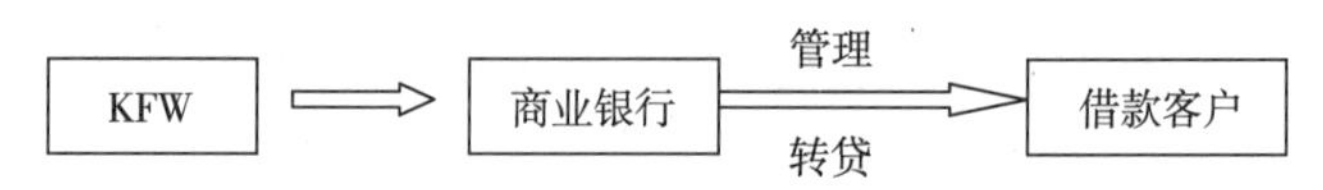

图5-6 KFW项目通过商业银行的执行模式

① KFW根据德国2007年能源节约法令的建筑节能标准设定。

因为当地银行通常对借款方更为了解，当地银行负责转贷和管理贷款，借款方根据自己的偏好选择向当地银行提出申请。这种模式可以降低KFW 和地方客户的业务环节成本，而当地银行也有很多益处。这种模式安排可以增加商业银行的流动性，并且在不增加银行资金负担的情况下，使银行能够接触了解更多潜在客户，熟悉能效贷款，尤其是住宅能效贷款的技术特征。

从德国政策性银行环境金融的实践可以看出，政策性银行对客户提供优惠贷款，可以在期限、还款宽限期和利率方面作出安排，提高客户的可贷款性和可融资能力。该政策性银行立足于针对中小企业难以从商业性金融机构获得融资支持的环保节能项目，其资金提供的模式是通过商业银行转贷，在实现资助项目的同时也能激发商业性金融机构了解和挖掘有潜力的新客户，促使银行信贷的追随进入，形成额外的信贷资金，达到政策性金融带动和杠杆放大商业银行贷款的效果。

政策性银行与商业性金融机构建立合作关系，而不是直接和借款客户形成关系，也符合政策性金融的定位。因为后者模式下容易形成与商业性金融的竞争关系，有悖于政策性金融与商业性金融关系的基本。政策性银行与商业性金融机构进行合作，在商业性金融不能或不愿涉及的领域提供信贷资金，从而以有限的政策性金融资金撬动更大规模的商业银行信贷，实现政策性环境金融的额外性效果。

（2）WB/GEF中国节能促进项目的能源管理公司贷款担保计划

“世界银行/全球环境基金中国节能促进项目”是中国政府与世界银行（WB）和全球环境基金（GEF）共同实施的、旨在提高中国能源利用效率，同时促进中国节能机制转换的国际合作项目。其中，为解决能源管理公司（Energe Management Company，EMCo）注册资金少、缺乏金融资信的问题，项目二期实施了EMCo贷款担保计划。该担保计划可以为能源管理公司提供不高于90%的比例担保，担保期为1~3年，以便使担保专项资金快速周转从而能支持更多的节能项目。

EMCo贷款担保计划促进了商业贷款和社会资金投向节能项目，帮助许多中小型EMCo企业第一次建立起银行信用记录，并促进了一批EMCo骨干企业的成长。项目二期实施中分期到账担保准备金共计1.54亿元人民币（2200万美元）；截至2010年底，EMCo贷款担保计划共完成项目148个，涉及EMCo企业42家，项目总投资9.1亿元，贷款本金5.7亿元，担保总额5.2亿元，担保准备金有效地发挥了杠杆放大效应（见图5-7）。

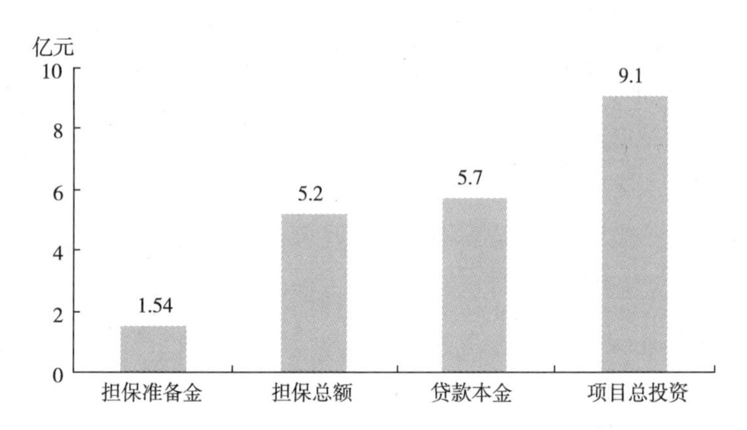

资料来源：气候组织《中国的清洁革命》报告，2011年11月。

图5-7　WB/GEF中国节能促进项目EMCo担保准备金的杠杆放大效应

WB/GEF中国节能促进项目EMCo贷款担保计划合作的中国银行中，除了国家开发银行外，中小商业银行和城市商业银行占较大比重，这些银行包括：北京银行、交通银行、武汉银行、哈尔滨银行、农业银行、国家开发银行、建设银行、中信银行、兴业银行、华夏银行、深圳商业银行、上海农村信用合作社。项目并且和地方专业担保公司进行合作，包括：贵州众维中小企业信用担保有限公司、黑龙江鑫正投资担保有限公司、山西中小企业信用担保有限公司、深圳高新技术投资担保有限公司、四川经济技术投资担保中心、四川中小企业信用担保中心。这种模式能促使中小银行和中小企业融资担保机构了解能效贷款的融资模式，熟悉客户，增加潜在中小企业客户的资信往来记录，帮助地方中小企业信用增级机构熟悉EMCo，以促进中小银行对中小企业能效贷款的开发。

（3）在国际金融领域，各国政策性银行和一些国际开发性金融机构在政策性环境金融领域都进行了创新实践。世界银行、亚洲开发银行

（ADB）等国际开发性金融机构以及在双边合作框架下的国际援助性资金也对推动中国的低碳发展提供了支持。国际开发性金融机构和国际资金在中国的项目开展方式主要包括赠款、中间信贷、损失分担和提供信贷担保等（见表5–6）。

表5–6　部分国际开发性金融机构和国际资金在中国的环保项目

方式	项目名称	项目信息
优惠贷款/中间信贷	世界银行中国能效融资项目	转贷方为中国进出口银行、华夏银行、中国民生银行；一期始于2008年，贷款规模为2亿美元；二期贷款规模为1亿美元；三期于2011年6月15日启动，贷款规模为1亿美元。
	中德财政合作下的中间信贷项目	由财政部与德国复兴信贷银行（KFW）签订贷款协议，中方转贷银行包括中国农业银行、深圳发展银行、中国民生银行、中国光大银行、华夏银行等；中德合作国际气候保护项下的能效/可再生能源贷款，中国进出口银行作为中方转贷行，贷款期限最长不超过10年。
	法国开发署（AFD）的绿色中间信贷项目	截至2010年4月，AFD在华投资达7亿欧元（包括赠款、贷款及其了公司的投资等），其中可再生能源领域1.02亿欧元，能效项目3.74亿欧元（含中间信贷1.8亿欧元）；AFD的“绿色中间信贷项目”与招商银行、华夏银行和浦东发展银行合作，为能效项目提供低于市场利率的贷款支持，项目两期共1.8亿欧元，单笔限制最高金额不能超过400万欧元，倾向于中小企业节能减排项目。
损失分担	国际金融公司（IFC）中国节能减排融资项目	项目第一期的损失分担资金总额为7.6亿元人民币，二期为25亿元人民币；每期项目的实施期一般为2年，两年期内损失分担可循环使用，损失分担比例不超过50%；2011年项目第三期支持杭州地区的能效贷款，损失分担资金总额最高达50亿元人民币。
担保机制	亚洲开发银行节能融资项目（ADB）	2008年ADB宣布投入8亿元人民币进行节能融资计划，提供部分信用担保以支持中国南部和东部地区楼宇能源效率提高项目。2011年，ADB向上海浦东发展银行提供3亿元人民币的部分信用担保。
	世界银行/全球环境基金（WB/GEF）中国节能促进项目	项目一期使用GEF提供的2200万美元赠款，世界银行提供的6300万美元贷款，加上国内配套资金，建立三个示范节能服务公司；项目二期为节能服务企业实施合同能源管理项目提供融资担保，专项担保资金规模为2200万美元，由GEF赠款提供。

资料来源：气候组织《中国的清洁革命》报告，2011年11月。

从上述国际开发性金融机构在中国的实践可以看出，国际政策性金融机构的环境金融支持的项目都是通过商业银行和中国政策性银行转贷，在通过提供资金扶持低碳项目的同时，也让中国金融机构接触和了解能效融资、绿色信贷，并能通过项目的执行，使商业银行能了解和关注项目相关的企业，为国内企业后续获得商业性金融支持创造了条件。

其次，上述国际政策性金融机构大量地采用损失分担、信贷担保等手段，以较少的资金撬动放大比例的商业性资金，引导私人投资，发挥政策性环境金融对商业性环境金融的杠杆放大的效应。

6　我国环境金融发展现状分析

我国商业性环境金融创新主要体现为商业银行绿色信贷业务和资本市场社会责任投资的发展。政策性银行在推动环境金融发展方面发挥了一定作用。但是整体而言，我国环境金融发展还处于比较初级的阶段，环境金融的市场化发展程度还比较低。

6.1　我国商业银行环境金融发展的现状

6.1.1　我国商业银行社会责任报告解读和绿色信贷评价

6.1.1.1　我国商业银行社会责任报告的环境金融发展解读

环境责任是企业社会责任（CSR）的一个重要构成，随着社会责任运动在全球的广泛兴起，企业公布社会责任报告成为揭示企业社会责任信息的重要渠道。有效的信息揭示可以使企业利益相关者通过市场行为激励和约束企业。金融机构发布社会责任报告也能体现银行环境责任的意识和履行状况。

自上海浦东发展银行2006年第一次发布社会责任报告以来，到2011年末我国已有20多家银行发布社会责任（可持续发展）报告。金融监管部门或行业协会及一些国际组织关于社会责任报告的规定和指南对推动我国金融企业重视企业社会责任发挥了引导作用。这些规定和指南有：中国银监会《关于加强银行业金融机构社会责任的意见》（2007），中国银行业协会《中国银行业机构企业社会责任指引》（2009）、国际标准化组织《社会责任指南（ISO26000）》（2010）、全球报告协议组织《可持续发展报告指南G3.1》（2011）等。这些国内法规和国际行业协会指南对推动中国金融界发布社会责任报告和进行环境金融的创新发挥了一定作用。

中国银行业协会自2009年以来每年编制和发布《中国银行业社会责任报告》，银行业协会2011年报告将银行业金融机构关键绩效分为三大类，除了传统的经济类指标外，还包括环境类指标和社会类指标，以此反映银行经济效益和社会责任履行的相互关系。表6-1 为《中国银行业社会责任报告》（2011）中关于中国银行业2009—2011年环境绩效的关键指标。

表6-1　我国银行业关键环境类指标（2009—2011年）

	2009	2010	2011
（1）*			
各类贷款（千亿元）	425597	509226	581893
节能环保贷款余额（千亿元）	12604.30	11724.80	14683.80
支持节能环保项目数量（个）	6004	6159	7932
产能过剩行业贷款余额（千亿元）	9199.31	10504.62	11485.16
产能过剩行业贷款占总贷款比重（%）	3.14	2.96	2.82
（2）**			
节能环保贷款占贷款比重（%）	2.96	2.30	2.52
贷款总额较上年增长比率（%）	—	19.9	14.4
节能环保项目平均金额（千亿元）	2.099	1.9037	1.8512

注：（1）*为中国银行业协会《2011年度社会责任报告》第7页表格数据，贷款总额数据来源于中国银行业监督管理委员会。

（2）**数据由（1）数据计算处理所得。

中国银行业协会编制的《中国银行业社会责任报告》由协会收集各会员单位的数据汇总而得，它能从一定程度上反映我国商业银行环境金融发展的状况。比如2010年报告显示，银行业对产能过剩行业的贷款占贷款总额的比重逐年下降，环保节能贷款逐年上升。报告指出："可见我国银行业退出'两高一剩'的步伐加快，绿色信贷项目或节能环保贷款项目的贷款总量不断增加。"图6-1也显示了我国银行业节能环保贷款逐年增长的发展。

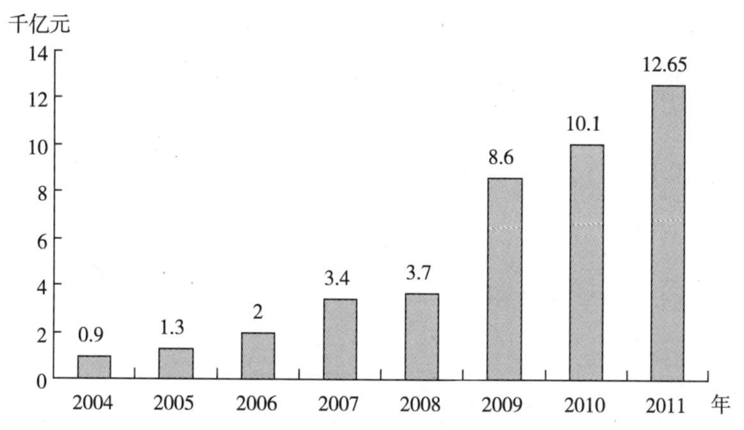

数据来源：中国银行业协会网站《中国银行业社会责任报告》（2008—2011年）。

图6–1 我国银行业节能环保贷款余额变化

商业银行绿色信贷业务的普及发展必须在两个端点都实现覆盖，即大型项目和小型项目。我国银行信贷业务偏向于大型企业和大型项目。通过“支持节能环保项目数量”和“节能环保贷款余额”这两项指标，我们可以得出2009—2011年节能环保信贷项目的平均额度，可以看出平均项目贷款金额是呈下降趋势，这是一个好的信号，绿色信贷可能在项目规模和贷款企业规模方面都有所下降，表明银行在对绿色信贷创新的熟悉和银行内部培训推广方面有一定进展。

绿色信贷应包括“一出”和“一进”两个方面，“一出”指的是退出“两高一剩”产业，“一进”指的是进入环保或绿色产业的贷款。但是，银行界报告数据多偏重于正面进展显示。虽然从上述数据中可以看出，“银行业对产能过剩行业的贷款占贷款总额的比重逐年下降，环保节能贷款额逐年上升”，但是，银行业协会报告并没有指出近三年银行业环保节能贷款占贷款总额的比重没有逐年增加的事实。通过比较各年末银行业贷款总余额也可以发现，2009年、2010年和2011年环保节能贷款占比分别为2.96%、2.30%、2.52%，环保节能贷款占比较低，进入节能环保领域的贷款比重比不上退出产能过剩产业的比率。同时，节能环保贷款年增速也低于贷款总额的年增速。所以，从银行业整体的绿色信贷发展来看，“一出”比“一进”更为明显。

我国银行界绿色信贷一方面体现的是退出“两高一剩”产业，这属于行政政策管制下的银行信贷管理活动，具有规避性的特点，是政府主导下的银行业务创新；另一方面增加节能环保贷款则属于银行调整贷款结构、追求业务增长和利润增加的活动，属于市场导向型环境金融业务。但是从上面的分析可以看出，我国商业银行环境金融发展中，政府导向的作用较大，市场导向下的环境金融活动增长相对缓慢，银行主动性的环境金融发展还比较不足。

6.1.1.2 我国商业银行绿色信贷表现的评价

我国银行业自身的社会责任报告显示了我国商业银行在履行环境责任方面的进展，但是还不能就此得出结论，我国银行业已普遍实质性地将绿色信贷贯彻为常规业务形态。其他官方和民间的研究报告可以从另一个视角来判断我国银行绿色信贷的执行，反映我国商业银行环境金融发展的现状。

2012年6月环保部政研中心公布《中国绿色信贷发展报告2011》（以下简称《报告》）对2010年市值排前50位的银行绿色信贷进行排名。报告从绿色信贷战略、绿色信贷管理、绿色金融服务和产品开发、组织能力建设五个方面，对中国银行业绿色信贷政策执行情况进行了综合评价。参评的50家银行只有12%的银行达到较好等级（其中仅兴业银行获评A级），一半以上银行评分不佳。《报告》总体评价我国银行业绿色水平偏低。具体体现是：“两高一剩”项目贷款余额占比依然较高，这在城市商业银行表现尤为突出；绿色信贷项目或节能环保贷款项目的贷款总量不断增加，但占比较低；银行环保信息披露不够透明，监管部门信息交流有待完善。

其他环保研究机构也评价了我国银行业绿色金融的进展。2012年绿色流域等10家民间机构发布的《中资上市银行绿色信贷表现排名（2008—2011）》（以下简称《绿色信贷排名》）报告综合评价了中资上市银行近四年来的绿色信贷表现。《绿色信贷排名》报告通过十项指标对16家中资上市银行环境表现进行了测量和记录。这十项指标是：环境信息披露、环境政策、环境措施、绿色信贷专责机构、采纳国际银行业环境准则、退出“两高一剩”贷款、进入环保或绿色产业贷款、社会舆论、内部环保活动

以及在同行和客户中绿色信贷（倡导）环境营造活动。报告同时也列出了我国16家上市银行按照银行一级资本在全球的排名，报告中绿色信贷表现排名前三位的是兴业银行、上海浦东发展银行、中国工商银行，而深圳发展银行、南京银行与宁波银行位列末三位。具体排名如表6-2所示。

表6-2 中资上市银行绿色信贷表现排名（2008—2011年）

银行名称	表现排名	披露	政策	措施	专责	准则	两高	环保	舆论	内部	倡导	一级资本全球排名
兴业银行	1	1	1	1	1	1	5	2	1	1	1	97
上海浦东发展银行	2	4	4	5	5	6	1	3	2	6	2	108
中国工商银行	3	2	2	2	3	3	2	1	16	3	4	7
招商银行	4	3	5	4	2	2	4	6	13	5	3	81
中国建设银行	5	5	6	6	8	6	3	4	15	2	5	15
交通银行	6	8	3	3	4	6	7	7	12	8	12	28
中国银行	7	6	10	7	8	6	6	5	14	4	9	14
中国民生银行	9	10	7	8	6	7	9	12	10	7	6	80
中信银行	8	7	13	13	8	5	8	10	8	11	7	67
中国农业银行	10	9	8	14	8	6	11	8	11	9	11	28
北京银行	11	15	9	12	8	7	13	9	3	13	8	155
华夏银行	12	12	12	10	8	6	10	11	9	14	10	178
中国光大银行	13	14	11	9	8	7	12	13	6	15	14	136
深圳发展银行	14	11	14	11	8	4	14	14	7	12	15	231
南京银行	15	16	15	15	7	7	15	15	4	10	13	349
宁波银行	16	13	16	16	8	7	16	16	5	16	16	419

资料来源：绿色流域等民间机构发布的《中资上市银行绿色信贷表现排名2008—2011》报告。

从银行业社会责任报告解读和研究机构的评价分析可以看出，我国银行界绿色信贷的执行是“雷声大，雨点小”，总体而言还处于比较低端的水平。

另外，不同类型商业银行环境金融发展状况也存在较大差别。

从多项报告的评价可以看出，兴业银行、上海浦东发展银行属于我国绿色金融领先的银行，表明了这两家银行高级管理层对银行环境责任的重视。全球目前有 78 家商业银行加入了赤道原则，而在全球银行100强中有9家中国银行，但目前中国却仅有兴业银行参加赤道原则成为赤道银行。而在发展中国家中，尤其是金砖四国中的巴西和南非的银行业中的赤道银行也普遍多于中国银行界，这相对于中国银行业以资本实力或资产规模在世界银行业中的排名很不相称。兴业银行和上海浦东发展银行属于中型银行，采取全面业务发展的模式难以与“big four”四大行竞争，必须采取有特色的市场细分和定位策略。其相对活跃和富有特点的环境金融产品创新活动是作为中型银行细分市场、竞争企业客户以提升银行竞争力的有效战略。但是对于其他中型银行，同样面临多样化的市场定位选择，环境金融领域不一定必然成为所有中小银行的战略重点。

四大商业银行为首的大型国有控股银行由于传统的市场地位和优势，在绿色信贷创新方面主要是在信贷管理方面针对环境风险的管理以及对传统涉入的“两高一剩”领域的退出。金融监管部门对大型国有控股银行有较强的行政管理影响力，“四大行”都针对监管部门的要求加强了大型项目贷款环境风险的管理，制定了“环保一票否决”的信贷管理制度，环境金融创新主要表现为“退出”高污染高能耗企业，在信贷结构总量上进行调整，但是绿色金融产品创新的灵活性相对不如领先的中型银行。

金融监管部门、新闻媒体、社会团体通常是对大型商业银行、上市银行和大型项目更为关注，而对于我国众多小型银行的监管和关注则还较薄弱。城市银行、农村金融机构由于经营规模小，管理能力相对较弱，产品种类相对单一，通常和地方经济联系紧密。而我国环保治理的一个难点就在于地方保护主义下的追求经济增长和税收利益而牺牲环境资源的问题。例如作为城市商业银行的宁波银行、南京银行在我国16家上市银行中的绿色信贷表现最差，但是由于它们和地方经济发展及地方政府的密切联系，这两家银行的经济绩效近年却高于环境金融表现良好的其他银行。我国农村金融机构大多是中小型金融机构，对中国环境状况影响极大的“十五小”、“新五小”、“新六小”企业的贷款资金基本上来自中小金融机构。因此，无论是为加强中小金融机构信贷业务环境风险管理以维护中小

金融机构健康发展，还是为实现从源头控制高污染、高能耗企业的环境保护目标，加强我国中小金融机构的环境金融发展都是极为重要的。

6.1.2　我国商业银行环境金融的发展典型

在金融管理部门政策的引导下，我国一些商业银行在信贷管理和流程方面都进行了一定的调整创新，商业银行在绿色信贷产品方面也有所创新。在绿色信贷产品创新方面比较领先的有兴业银行和上海浦东发展银行。兴业银行和浦发银行环境金融发展体现了这两家银行对待金融监管部门绿色信贷法规要求和国家低碳经济发展目标带来机遇的积极态度。

金融业具有汇聚资金、引导投资的重要功能。在国家战略政策的引导下，为发挥银行渠道从资金源头遏制高污染、高能耗产业，推动环保节能行业发展的作用，我国金融监管部门制定了一系列法规和指导意见，引导商业银行开展绿色信贷和绿色金融业务的创新。兴业银行和浦发银行对监管部门提出的退出高污染、高能耗企业，化解产能过剩政策都采取了积极配合的措施，而兴业银行和浦发银行更重要的是积极利用政策优惠和指引，抓住节能环保产业发展市场机遇，积极主动地进行环境金融创新，其创新的典型产品如表6–3所示。

表6–3　兴业银行和浦发银行环境金融创新产品

银行	绿色金融产品模块	特色创新品种
兴业银行	节能减排全产业链“8+1”融资模式	节能减排:节能减排技改项目融资模式、节能减排设备供应商买方信贷融资模式、节能减排设备供应商买方信贷融资模式、节能减排设备制造商增产融资模式 清洁能源：公用事业服务商融资模式 节能服务：EMC（节能服务商）融资模式，融资租赁模式 碳排放权及排污权：CDM项下融资模式，排污权抵押融资模式，非信贷融资模式
上海浦东发展银行	五大板块: 绿色装备供应链融资、环保金融、清洁能源融资、碳金融、能效融资	国际金融公司能效贷款、法国开发署能效贷款、亚洲开发银行建筑节能融资； 合同能源管理收益权质押贷款、合同能源管理融资保理 、 碳交易财务顾问、国际碳保理融资、排污权抵押贷款、 绿色固定收益融资（短券和中票） 绿色PE（绿色股权融资）

资料来源：兴业银行和浦发银行网站。

上述银行环境金融创新产品和大多数与政府低碳环保经济政策的引导结合紧密。为实现节能减排的规划目标，我国在“十一五”和“十二五”节能减排规划中都列出了“十大重点节能减排工程”，并通过财政资金引导企业开展节能减排活动如表6–4所示。

表6–4 我国节能减排重点工程及财政支持

“十一五”节能减排规划十大重点节能工程	燃煤工业锅炉（窑炉）改造工程、区域热电联产工程、余热余压利用工程、节约和替代石油工程、电机系统节能工程、能量系统优化工程、建筑节能工程、绿色照明工程、政府机构节能工程、节能监测和技术服务体系建设工程。
	中央和省级地方财政设立节能专项资金，中央预算内投资安排80多亿元、中央财政节能减排专项资金安排220多亿元，对节能改造实行投资补助和财政奖励。
“十二五”节能减排规划十大重点节能工程	节能改造、节能产品惠民、合同能源管理推广、节能技术产业化示范、城镇生活污水处理设施建设、重点流域水污染防治、脱硫脱硝、规模化畜禽养殖污染防治、循环经济示范推广、节能减排能力建设。
	为推动这一规划，将有2.366万亿元投资投向上述领域，通过中央预算内投资和节能减排专项资金对节能减排重点工程和能力建设进行支持。

资料来源：国家发展和改革委员会网站。

从这两家银行环境金融的创新产品分布可以看出，国家政策指引和财政支持对银行获取行业信息和进入节能减排项目起到指引作用。各级政府，尤其是地方政府节能改造项目是银行连接银政合作，通过政府搭台对接银企项目的良好渠道，在各级政府的财政支持下，现有绿色信贷项目风险可控，投资收益好。

例如国家在“十一五”规划的“千家企业名单”后，“十二五”规划推出“万家企业节能低碳行动名单”，入围的企业将享受国家财政政策的支持鼓励；采用国家重大节能技术推广目录中的技术，有望获得15%的项目投资补助。根据《关于加快推动我国绿色建筑发展的实施意见》建立的高星级绿色建筑奖励审核、备案及公示制度，对高星级绿色建筑给予财政奖励。2012年奖励标准为：二星级绿色建筑45元/平方米，三星级绿色建筑80元/平方米。浦发银行的能效项目以这些企业为目标，项目投资回收期短（一般2~4年），风险总体可控，贷款收益较高。

清洁能源类项目的重点领域是风电、水电项目，虽然项目投资回收期较长，但现金流较稳定，并且电价有长期上升趋势。目前银行清洁能源融资的领域主要是风电、水电领域，这类清洁能源的技术市场及销售模式相对成熟稳定。

浦发银行环保金融类项目投资回收期较长，收益一般，但可以获得政府补贴，现金流较稳定。而国内碳交易市场受到政府重视，强制减排企业往往是当地大中型骨干企业，所以都是利用政府平台对接银企项目的良好渠道。

合同能源管理（EMC）融资业务客户包括大中型用能企业或设备生产商成立的节能服务公司，如国家电网、宝钢、神华、中石化、五大电力等央企，银行可通过合同能源管理保理切入相关企业集团。对以技术见长的中小节能服务公司，通常有政府财政资金引导的合同能源管理等机制支持。例如对国家发改委备案的节能服务公司名单（共5批）里的中小企业，银行可以推广合同能源管理未来收益权质押融资业务①。在我国中央和地方财政近年来对合同能源管理公司大力支持下，我国商业银行在此领域已经积累了丰富的经验，业务规模发展迅速，在华夏银行、兴业银行、浦发银行已经基本达到标准化产品的阶段②。

上海浦东发展银行的环境金融发展与该银行同国际政策性金融机构的合作有较大关系。浦发银行和国际金融公司（IFC）、法国开发署（AFD）、亚洲开发银行（ADB）等国际金融机构合作推出能效贷款产品，在拓展了银行绿色信贷业务的同时，培养了能效贷款的技术能力。浦发银行与国际金融公司（IFC）合作能效贷款项目自2010年10月全面启动，首期合作规模10亿元人民币。国际金融公司（IFC）对贷款金额的50%进行损失分担；与法国开发署（AFD）能效贷款主要为中间信贷转贷AFD资金，不足资金由浦发银行商业贷款联合融资，截至2012年3月，浦发银

① 即将合同能源管理合同项下的未来收益权质押为担保品的节能项目融资。

② 2012年12月兴业银行决定将合同能源管理融资产品由试点“升级”成标准化产品。

行已实施AFD中间信贷一期和二期6000万欧元的长期低成本资金的转贷，同时浦发银行配套9.458亿元人民币贷款，支持了19个项目。浦发银行和亚洲开发银行（ADB）建筑节能融资项目计划始于2009年，ADB提供50%损失分担，这能够降低浦发银行能效贷款风险资产占用。

从兴业银行和浦发银行较为丰富的环境金融产品可以看出，这两家银行能积极主动利用政府引导和支持的机会，拓展大型企业、重点企业和政府的业务，政府的财政补贴和其他支持是商业银行判断和管理信贷业务环境风险的重要因素。这两家环境金融发展领先的银行，尤其是兴业银行已经初步达到市场化环境金融发展的阶段。

作为中型银行的兴业银行和浦发银行通过相对活跃和富有特点的环境金融产品创新活动有效地提升了银行竞争力，成功地实现细分市场及竞争企业客户的战略，但是对于其他中型银行而言，同样面临多样化的市场定位选择，环境金融领域不一定必然成为所有中小银行的战略重点。而且这两家中型银行虽然有领先的市场化环境金融业务，但是其信贷业务在我国银行业整体中比重较小，难以发挥较大的环境金融创新影响和扩散的作用。所以，我们还不能以兴业和浦发两家银行的环境金融产品发展来代表中国银行界的整体环境金融发展水平和市场化发展程度。

此外，兴业银行和浦发银行在环境金融发展方面也还有不足的地方，其他商业银行则可能更普遍。

中国商业银行的环境金融业务开展领域还相对狭窄。现有银行环境金融产品对中小企业和小型项目的融资不足，对运输、汽车、住房等个人消费信贷领域的环境金融创新还比较少。虽然已有个别银行推出绿色信用卡等个人品种，但是银行宣传的作用大于实质性作用。

环境风险管理能力是决定银行绿色信贷开展程度的重要因素。目前，我国商业银行根据政府支持力度来确定项目风险的可控程度，这种信贷业务的环境风险管理模式还处于比较简单的阶段。例如，银行清洁能源融资的领域主要是风电、水电这类技术市场销售模式相对成熟稳定的领域，对地热能、生物质能、煤层气等新型清洁能源商业化利用还不足，银行对这

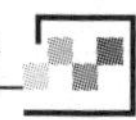

些项目的环境风险评估和管理能力以及融资品种创新能力都还较薄弱。

另外，从我国商业银行积极开展的环境金融创新的典型产品可以看出，我国政府的支持大多是财政性的手段，对支持产业和认证项目的财政补贴是主要的手段，但是，通过金融监管部门和政策性银行制定和执行的市场型手段还相对缺乏。

6.1.3 我国商业银行绿色信贷表现与经营绩效的关系

我国市场导向型的商业银行环境金融发展还处在比较低的水平，这是否和现有银行绿色信贷开展的经济绩效有关？市场导向型商业银行环境金融表现为主动性环境金融能否成为银行的主流业务，其基本条件是绿色信贷业务能否给银行带来正的经济效益，即银行绿色信贷的开办至少要与银行财务绩效呈正相关关系。

为此，我们以资产收益率（ROA）这一指标来反映商业银行的经济绩效，对应期限为2008—2011年，上述16家上市银行的ROA均值如表6-5所示：

表6-5 我国上市商业银行环境及经济绩效排名（2008—2011年）

银行名称	绿色信贷表现排名	绿色信贷表现得分	ROA（%）均值	银行经济绩效排名	银行性质
兴业银行	1	15	1.18	7	1
上海浦东发展银行	2	38	1.04	12	1
中国工商银行	3	38	1.29	3	1
招商银行	4	47	1.25	4	1
中国建设银行	5	60	1.34	2	1
交通银行	6	70	1.12	8	1
中国银行	7	75	1.1	10	1
中国民生银行	8	82	1.06	11	1
中信银行	9	90	1.11	9	1
中国农业银行	10	95	0.94	13	1

续表

银行名称	绿色信贷表现排名	绿色信贷表现得分	ROA（%）均值	银行经济绩效排名	银行性质
北京银行	11	97	1.18	6	0
华夏银行	12	102	0.64	16	1
中国光大银行	13	109	0.94	14	1
深圳发展银行	14	110	0.78	15	1
南京银行	15	117	1.34	1	0
宁波银行	16	129	1.23	5	0

注：1. 上市银行绿色信贷排名及表现得分资料来源于绿色流域等民间机构发布的《中资上市银行绿色信贷表现排名2008—2011》报告。

2. ROA 是上述银行2008—2011年资产收益率的平均值，数据来源于相关银行年报。

3. 银行为大中型股份制商业银行时，银行性质取值为1；银行为城市商业银行时，取值为0。

为探讨银行绿色信贷与财务绩效之间的关系，建立截面回归模型，

$$ROA_i=GC_i+D_i+\varepsilon_i$$

其中下标i代表16家银行，ROA为银行财务绩效，GC为银行绿色信贷得分（得分越低，表明该银行的环境社会责任表现越好），D为区别银行的性质为引入的虚拟变量，当银行为大中型股份制商业银行时，取值为1；当为城市商业银行时，取值为0。

运用STATA 12软件求解上述方程，得到表6–6所示的结果。

表6–6 银行绿色信贷与财务绩效关系截面回归结果

	系数	标准误差	t值	P值
GC	−0.004377*	0.0013322	−3.29	0.006
D	−0.376209*	0.1078561	−3.49	0.004
常数项	1.750442*	0.1732606	10.10	0.000
观察样本大小	16			
F值	7.53*			
R^2	0.5367			

注：*代表在10%的显著性水平下显著。

通过表6-6中内容可以看到，绿色信贷表现评分与银行绩效在1%的显著性水平下显著为负向的关系，即当绿色信贷评分越低，绿色信贷表现越好，银行的绩效表现越好。

同时从表6-6中的信息中还可以观察到银行的性质对其绩效的影响。表6-6中结果显示银行性质的虚拟变量D的系数在1%的显著性水平下显著为负，表明城市商业银行的绩效表现要优于大中型股份制商业银行。

《中资上市银行绿色信贷表现排名（2008—2011）》报告对10项指标进行了量化评分，我们可以从这些指标中选择出主要的三个类别因素：（1）绿色信贷资金投放X_1，包括退出“两高一剩”贷款和进入环保领域两项；（2）银行绿色信贷管理制度X_2，包括环境政策、环境措施、绿色信贷专责机构和采纳国际银行业环境准则；（3）市场舆论与声誉影响X_3，包括环境信息披露、社会舆论、在同行和客户中绿色信贷（倡导）环境营造活动。

利用上述绿色信贷表现评价指标体系，利用熵值法确定上述各指标权重，计算软件为MATLAB R2009a，结果如表6-7所示。

表6-7　银行绿色信贷表现评价指标

资金投放X_1	两高P_1	0.111236
	环保P_2	0.111236
	内部P_3	0.111236
管理制度X_2	政策P_4	0.111236
	措施P_5	0.111236
	专责P_6	0.061231
	准则P_7	0.048884
舆论与声誉X_3	披露P_8	0.111236
	舆论P_9	0.111236
	倡导P_{10}	0.111236

利用表6-4和表6-7可以得到上述16家银行绿色信贷在资金投放X_1、管理制度X_2和舆论与声誉X_3三个方面的得分，如表6-8所示。

表6-8 我国上市商业银行绿色信贷表现分类得分

银行名称	X_1	X_2	X_3
兴业银行	0.88988505	0.332586212	0.333706894
上海浦东发展银行	1.112356313	1.600579403	0.88988505
中国工商银行	0.667413788	0.775287374	2.447183889
招商银行	1.66853447	1.221350581	2.113476995
中国建设银行	1.001120682	2.117979225	2.780890783
交通银行	2.447183889	1.205641534	3.559540202
中国银行	1.66853447	2.674157381	3.225833308
中国民生银行	3.114597676	2.378108141	2.892126414
中信银行	3.225833308	3.626394089	2.447183889
中国农业银行	3.114597676	3.230335538	3.44830457
北京银行	3.893247096	3.16798388	2.892126414
华夏银行	3.893247096	3.230335538	3.44830457
中国光大银行	4.449425252	3.056748249	3.782011464
深圳发展银行	4.449425252	3.466274484	3.670775833
南京银行	4.449425252	4.107873586	3.670775833
宁波银行	5.339310303	4.391575825	3.782011464

为探讨三类指标与银行绩效之间的关系，建立截面回归模型如下：

$$ROA_i=X_{ij}+D_i+\varepsilon_i\ (i=1,\ 2,\ \cdots,\ 16;\ j=1,\ 2,\ 3)$$

截面回归结果如表6-9所示。

表6-9 绿色信贷表现分类指标与绩效关系的截面回归结果

	（1）	（2）	（3）
X_1	-0.1105764*** [0.0257606] （-4.29）		
X_2		-0.1086096** [0.0390587] （-2.78）	
X_3			-0.0771215 [0.0468718] （-1.65）

续表

	（1）	（2）	（3）
D	-0.4238777^{***} [0.0966676] （-4.38）	-0.3700499^{***} [0.1177427] （-3.14）	-0.2473017^{*} [0.118164] （-2.09）
观察样本大小	16	16	16
F值	12.03^{***}	5.72^{**}	2.76^{*}
R^2	0.6492	0.4683	0.2982

注：*、**、***分别代表在10%、5%、1%的显著性水平下通过检验，[ ] 内为标准误，( ) 内为相应的t值。

从表6-9中信息可以看到，X_1与银行绩效的影响方向在1%的显著性水平下显著为负，即表明银行绿色信贷投入及“两高一剩”退出、进入环保节能产业等与银行绩效有显著的正向关系。

同时，可以看到X_2与银行绩效的影响在5%的显著性水平下也显著为负向，即表明银行绿色信贷管理制度与银行绩效也有显著的正向关系。

观察X_3与银行绩效的关系，发现其对银行绩效的影响系数不显著，因此表明在现阶段市场舆论与声誉影响未能对银行绩效产生显著的正向影响。

从上述分析可以看出，我国商业银行绿色信贷整体表现与银行经济绩效之间存在正向关系，我国银行进行的退出“两高一剩”和进入低碳环保的信贷投放对象的调整，以及银行内部管理制度的创新都有助于银行经济绩效的提升，这些都符合商业银行追求盈利的本性，表明在我国商业银行推行市场导向型环境金融具有市场基础。但是现有条件下，市场声誉渠道对银行开展绿色信贷业务的影响还未有明显现象，这一点和国际主流银行存在差异。

6.1.4　我国商业银行主动型环境金融发展不足的原因

虽然实证研究表明环境金融发展能同时实现商业银行的经济效益和社会效益，但是我国商业银行绿色信贷实际状况是“雷声大，雨点小”，大多数商业银行还未将环境金融作为主流业务对待，我国商业银行主动型环境金融发展不足。这种现状有环境金融产品供求方面的共性原因，也有我国现阶段经济金融体制改革滞后的国别因素。

6.1.4.1 环境金融的需求层面的障碍

绿色信贷等环境金融业务的需求来自于实体经济部门对环保类项目或产品设备的投资需求，但是由于环境金融需求在客户和项目方面的特点，目前实际需求还远远低于潜在的可能需求。

（1）环境金融需求的客户特点

节能环保类经济活动具有多样性，实体经济部门绿色投资具有广泛性的特点，因而银行绿色信贷需求的客户群体相对较广。对银行绿色信贷的需求既来自大型企业，也包括众多的中小型企业和家庭。绿色信贷需求的规模差异巨大，从小到家庭客户几美元的更换节能灯泡的安排，大到上亿美元规模的项目融资。

一般各国环境立法和监管大多从大型重点企业开始，市场力量和社会舆论对这些企业的关注也使大型企业更重视企业社会责任的市场形象，而小企业所受到的监管和舆论关注的压力要小，因而其环境责任的行为更多是出自经营者自身的价值取向。从经济理性人思维的角度看，企业和个人都有遵循原有业务模式的惯性，尤其是中小企业和贫困人口，他们极少考虑自身行为对环境和社会其他部门的影响，公共利益在个体投资决策中占非常微小的地位。所以仅仅基于环境保护的需要是难以激发这些客户做出改变生产设备、能源结构、住房出行方式等投资决定的。只有当在严格法规的强制下或者有清晰明确的财务收益时，这种投资才会发生。

环保类节能减排投资项目中，减少污染排放的投资通常是企业对原有系统设备的更新，这类客户大多与银行有财务往来的记录，并有一定的抵押基础，而新能源项目通常是新公司的新技术开发，可能和银行没有往来资信记录，缺乏银行融资传统模式下的抵押资产，这些都会阻碍客户融资需求的实现。

（2）环境金融需求的项目特点

企业面临多种竞争性的投资项目选择，节能减排投资项目通常具有投

入成本高、收益不确定性和期限偏长的特点。对潜在投资者而言，很多节能环保项目信息不充分、技术不成熟，新的节能减排产品替代原有模式存在较大的交易转换成本，这些都可能抑制投资者的投资意愿。

从时间范畴看，投资者一般对短期投资和近期能产生回报的投资有强烈的偏好，而节能减排或可再生能源项目通常回收期限比较长，因此对很多企业和机构投资者不具有足够的吸引力。企业对环保类项目的投资意愿低，必然对银行绿色信贷融资的需求也会低。

在经济高速增长的阶段，节约成本的投资项目（防御性投资defensive investments）通常不会被优先考虑，在企业投资的优先顺序清单上落后于产能扩张性投资（进攻性投资offensive investments）。而在经济低速增长时期，企业才更关注成本节约的措施，但是企业成本节约有多种渠道，例如人事、购买和存货管理等。环境因素只是投资活动中的一项因素，它只能代表一部分成本，不是所有的环境活动都能产生直接的现金流。企业通常基于整体成本最小化进行管理，可能并非仅关注于能效这样特定的领域。

6.1.4.2 环境金融供应层面的阻碍因素

从理论上分析金融机构具有环境金融创新的动机，但是在实际业务中能否实现还面临着一些障碍。具体而言，环境金融供应方面还存在3个维度的差距。

（1）可选择的金融工具

金融机构习惯于以财务指标为基准的传统投资品种，对同时实现经济和环境效益的社会责任投资品种了解重视不足，产品供应也相对有限。

银行通常重视大型项目和大型企业的服务产品，例如房地产、汽车、移动电话等主要行业，这些产业每年的融资需求是巨大和持久的，从而给银行提供了创新和供应金融产品的良好前景，银行可以提供稳定和持久的金融服务品种，从而实现产品开发的标准化，进而降低银行产品供应的成本。同时，银行信贷人员了解这些产品，因而银行内部的培训成本低。所以基于业务开发成本的立场，银行偏好大型客户和大型项目，而对家庭和中小微型企业的需求反应迟缓，可供选择的金融工具有限。但是从生态、经济和社会的角度看，任何忽视中小企业和家庭客户的节能减排方法都是不完备的。要使环境金融业务成为银行的常规模式之一，就不能仅仅限于大型项目，对中小企业和家庭客户必须关注，需要创新针对中小企业和家庭的环境金融产品。

虽然发展中国家的商业银行有些成功的案例，但总体而言，发展中国家银行的环境金融产品创新迟缓，缺乏诸如大型项目环境风险管理的金融工具。银行在此领域知识不足，能力缺乏，产品单一，这些都阻碍了银行绿色信贷产品和服务的供应。

（2）融资匹配条件

这主要指的是银行再融资能力的限制。在增加绿色信贷规模后，可能会耗尽借款企业在银行的借款额度，或者给银行带来再融资的压力，银行绿色信贷额度的提升能力可能有限。从银行可供绿色信贷产品的期限看，银行通常倾向于中短期的放贷，而很多环境性投资需求是中长期限，在近期可能难以产生足够的现金流，因而在期限结构上商业银行放贷供应和市场绿色信贷需求存在期限的不匹配。

（3）机会成本因素

很多环境相关企业的行为规模相对小，银行需要设计大量的小规模活动，从而交易管理成本高。环境金融业务属于新型业务，存在着业务发展的不确定性风险。例如，减少企业污染的投资不能产生直接的财务收益，缺乏保障企业还款能力的现金流。银行通常面对着众多的市场机会，当银行还有其他盈利机会时，环境金融业务对商业银行就不具有很强的吸引力。所以，当环境金融创新所包含的风险和创新产品导致的高管理成本没有适当的金融工具或更高的回报来抵补时，就会导致商业银行对环境金融的创新供应不足。

6.1.4.3　我国商业银行环境金融发展迟缓的国别原因

我国经济多年来一直保持较高的增长速度，投资拉动和粗放经营的模式依然存在惯性，对于企业来说进行绿色投资降低能耗支出成本通常不是最优先和迫切的考虑，因而相应的融资需求也偏低。

我国商业银行绿色信贷产品创新不足，可供选择的金融工具有限，除

了银行知识不足、信贷人员能力提升缓慢等能力束缚的原因外，我国经济多年高速发展形成的旺盛融资需求，金融业市场准入门槛高形成的垄断性银行地位，以及缓慢的利率市场化进展，都是导致我国商业银行主动型环境金融发展不足的原因。

（1）银行环境金融业务的机会选择

银行贷款是我国企业融资的主要来源，在缓慢的利率市场化进程和严格市场准入限制的保护下，我国银行界面对着足够多的其他选择机会去获得更高的回报，银行会认为执行绿色信贷意味着必须承担较高的机会成本。所以面对我国经济社会对银行信贷旺盛的需求缺口，银行必然会选择熟悉的传统对象或者其他更高速发展的产业项目，从而对进入环保领域缺乏积极性。比如上述绿色信贷表现排名中宁波银行和南京银行排列最末，而这两家城市商业银行的经济绩效却处于前列，这主要是由于地方政府对城市商业银行有一定行政影响力。对我国银行而言，政府扶植的项目通常就是可靠而又有高收益的贷款对象，地方商业银行业务发展范围较小，多局限于当地项目，而出于地方保护主义和追求经济增长速度，地方政府扶植的重点通常不是环保型的项目。

（2）贷款利率上限管制的影响

由于绿色信贷业务还是处于起步阶段的新开发产品，银行在将环境因素与内部程序结合的过程中会发生额外管理成本，银行面临新产业和项目及客户评估导致的成本增加。新能源、能效技术项目多处在开发阶段，市场成熟度不高，银行面临潜在的高风险。为此银行需要提高贷款利率来实现风险和收益的平衡匹配，但是在我国利率尚未完全市场化的情况下，银行不能超过贷款利率管制上限来发放绿色信贷，不能通过市场化的利率定价来补偿绿色信贷可能涉及的风险溢价和管理成本，这也阻碍了银行实际开发绿色信贷业务的动力。

（3）倾向于大型企业大型项目，大中型银行相对积极

大型企业客户和大型项目通常是我国银行的偏好，我国商业银行在对公业务中一直存在对中小企业信贷支持不足的问题，在绿色信贷领域，这

种现象同样明显。现有的商业银行绿色金融创新中，绿色信贷业务大多针对大型企业和大型项目，而最大限度地激发潜在的绿色信贷市场需求就不能忽视创新型企业、中小企业和家庭客户。此外，大中型银行在环境金融领域相对积极，而我国地方性商业银行、城市商业银行和农村金融机构的环境责任意识还比较薄弱，能力缺乏，环境金融发展不足明显。

（4）外部环境的影响

从商业银行环境金融发展的外部环境看，我国金融监管相关部门出台的指导性文件对引导商业银行绿色金融发展起到了较大作用，但是还需要进一步明确操作细则及创新方法，政策监管和引导在实践中仍面临监管成本和监管能力所带来的限制。国家在低碳环保领域大量的财政性投资和商业银行嫁接不足，政策性银行在绿色信贷业务创新方面和商业银行合作不足，缺乏对中小银行环境金融创新产品学习和创新能力培养以及支持的制度性安排。金融业所处的市场环境较为宽松，缺乏舆论的监督引导压力，没有形成银行关注自身企业市场声誉而进行环境金融发展创新的氛围。

从上述分析可以看出，我国商业银行环境金融发展不足主要表现为银行业发展面临追求经济效益与履行环保等社会责任的矛盾。商业银行绿色信贷供应不足的根本原因在于银行界认为这项业务的盈利机会还不具有足够的吸引力。金融机构认为绿色信贷业务回报率不够高，或者是绿色信贷所面临的风险没有适当的工具或更高的回报来充分抵补，由此导致绿色信贷业务的供应不足。银行业金融创新和风险管理能力的差异也影响了我国商业银行环境金融发展。同时，市场型环境金融管理手段运用有限、市场舆论对商业银行环境责任的监督和市场约束较小也是限制我国商业银行环境金融发展的重要外部原因。

6.2 我国资本市场环境金融发展现状

6.2.1 我国资本市场环境责任投资发展

社会责任投资是同时考虑财务绩效和社会环境效益的投资，是资本

市场环境金融发展的主要方式。近年来，我国社会责任投资有了一定的进展，其中专门的环境责任类投资也有突破。但整体而言，我国SRI发展还处于初级阶段，和欧美国家还有较大差距，具体表现如下：

（1）社会责任投资基金从无到有，但是数量和规模还非常有限

2008年5月兴业全球基金管理公司成立了中国第一只也是当时唯一的SRI基金——兴全社会责任股票型证券投资基金。该基金采用了“自上而下”的分析方法，首先根据行业周期、盈利程度、景气程度等选出具有发展潜力的行业。然后采用“兴业双重行业筛选法”进一步筛选，先用“消极筛选法”规避在企业社会责任履行上表现较差的企业，再使用“积极筛选法”主动寻求在企业社会责任和可持续性发展上表现较好的企业，定期动态优化行业配置资产。

2011年5月6日，兴业绿色投资股票型证券投资基金成立，投资目标主要是绿色科技产业或公司以及在其他产业中积极履行环境责任的公司。最新的SRI股票型基金是2011年3月由汇添富基金管理公司发行的汇添富社会责任基金，该基金主要投资于积极履行社会责任并具有良好的公司治理结构和独特优势的上市公司。表6-10显示我国3只社会责任投资基金的基本信息。

表6-10　我国主要的社会责任投资股票型基金

基金名称	基金管理人	成立日期	首次募集规模（亿份）	最新规模（亿份）
兴全基金	兴全全球基金管理有限公司	2008-04-30	13.88	38.43
汇添富基金	汇添富基金管理有限公司	2011-03-29	56.23	31.98
兴全绿色基金	兴全全球基金管理有限公司	2011-05-06	20.22	14.39

注：最新募集规模截至时间为2012年12月31日。

从表6-10可以看出，除了成立时间有5年的兴全基金，另外两只2011年成立的SRI基金，在成立一年后，基金规模都有明显的缩减。

除了上述3只主动型配置的股票型SRI基金，我国目前还有一只SRI指数型基金，即成立于2010年的建信上证责任ETF。但是，建信责任ETF在

2011年和2012年全年成交金额分别为2.65亿元和2808.89万元，在上交所上市基金的年成交金额排名中分别为倒数第二名和最后一名，2011年和2012年社会责任ETF日均成交额分别为109.3万元和13.1万元，均成为ETF市场日均成交最小的品种。这表明我国首只SRI指数基金并没有受到投资者的关注和追捧。

虽然我国的社会责任公募基金有了初步发展，但是相对于2012年1069只基金总数的市场规模而言，我国SRI基金数量较低，基金管理者对SRI的关注还很有限，投资者可选择的社会责任投资产品也非常有限。

表6-11　我国证券市场社会责任投资规模及占比

市场参与者		总和（百万美元）	中国股市存量估值	社会责任投资股票	社会责任投资占比（%）	SRI短期至中期市场发展潜力
国内：共同基金		294.73	294.73	3.32	0.011	高
国内：养老基金	NSSF	82.29	33	0.33	1	中等/高
	企业年金	27.96	8.4	0.08	1	中等/高
国内：保险		518	26.9	0.26	1	中等
国际：合格境外机构投资者		13	13	0.13	1	中等
国际：ADR		35.85	35.6	0	0	低
总和		971.83	411.63	4.12	1	

资料来源：BSR estimates.

根据BSR的估算，我国股票市场上国内公共投资基金近期和中期发展的潜力大，但是在目前，我国股票市场投资基金中仅有0.011%比例的社会责任投资（见表6-11）。社会责任投资还远远没有成为我国资本市场的主流投资方式。

（2）我国证券市场SRI指数有初步发展

2008年以来我国主要交易所和研究机构陆续编制了以下社会责任指数（见表6-12）。

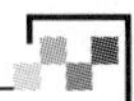

表6–12 我国证券市场主要社会责任指数

名称代码	发布时间和基日	基点	成分股数	特点
泰达环保指数	2008–01–02（2002–12–31）	1000	40	国内首只SRI指数，反映环保相关上市公司股价趋势
责任指数	2009–08–05（2009–6–30）	1000	100	以沪市A股公司治理板块中披露SRI报告的公司为样本空间，剔除成交额后20%股票，选取社会责任排名前100名
深圳责任R	2009–08–03（2009–6–30）	1000	100	衡量深市A股社会责任履行表现良好的公司股价趋势，依据对国家提供税收、工资等增长指标
巨潮–CBN–兴业社会责任指数	2009–11–04（2009–06–30）	1000	100	首只跨深沪市场的SRI指数，剔除烟草、烈酒、军火等行业构成初始样本群体
南方低碳50指数	2010–09–20（2010–06–30）	1000	50	首只交易所运行低碳主题指数，将提供碳排放设备的上市公司构成样本，参照流通市值和交易金额选取50个公司
深证环保指数	2011–11–15（2004–12–31）	1000	40	由与环保设备制造、环保服务和清洁生产技术及清洁产品相关领域的40家深市公司构成样本股

资料来源：根据相关指数公司网站资料整理。

社会责任类指数和环境类投资指数的推出为投资者提供了投资引导信息，激励上市公司重视社会、环境责任的履行，也为利用指数化投资方式创新投资工具提供了基础。

2010年5月28日成立的建信责任ETF（510090）是我国证券市场第一只采取完全复制策略跟踪社会责任指数的SRI ETF基金，该指数基金跟踪的标的指数是上证社会责任指数。

（3）养老基金也开始社会责任投资

虽然大多数中国的养老基金对SRI的兴趣还很有限，但是目前国内最大规模的养老基金——全国社保基金（NSSF）已将责任投资作为其核心的四个投资原则之一，并在2008年的年度报告中表示出进一步了解国外先进SRI实践的意愿。从表6–11可以看出，我国社保基金的规模为822.9亿美元，企业年金为279.6亿美元，其中社会责任型投资占比约为1%。

从上述分析可以看出，我国资本市场环境类社会责任投资已有起步发展，但是还远未成为资本市场的主流投资方式，资本市场的市场导向型环境金融发展格局还没有形成。

6.2.2 我国资本市场环境及社会责任投资绩效

我国资本市场社会和环境责任投资还处于初步阶段，和欧美国家还存在较大差距。造成这种局面是否是因为其投资收益率不足而导致对投资者缺乏吸引力？所以有必要对我国资本市场社会责任投资的绩效进行研究。

（1）研究基础

社会责任投资的绩效研究是社会责任投资研究的一个热点和重点，是社会责任研究中文献最集中的领域。因为SRI投资者同时追求社会环境绩效和经济绩效，如果讲求社会责任的投资在投资回报上不能好于传统投资品种，或者至少不差于传统投资品种，则这种投资就只能是极少数道德投资者关注的利基市场，而不能成为资本市场的一种主流投资方式。

对于社会责任的绩效，Renneboog（2008）发现近期SRI文献主要聚焦于责任投资的财务绩效，主要问题是这些基金相对于没有投资领域限制的传统基金表现更好还是更差。SRI基金没有得到统计上显著的超额收益，而且这些共同基金相对于传统共同基金在绩效方面并没有统计上的不同。乔海曙（2009）认为对SRI基金和传统基金的财务绩效比较应该是不变的，取决于基金的区域配置、基金规模和成立年限。Michael Schröder（2004）指出大多数研究认同SRI基金和传统基金有相似的绩效这一观点。一些学者也将对SRI基金绩效的分析应用到指数上，研究相对于传统的基准指数，代表社会责任投资的股票指数是否有不同的绩效表现。聚焦于SRI指数而不是投资基金的研究可以排除来自交易成本、市场时间选择和基金管理能力的可能影响。GARZ（2002）发现相对于DJ STOXX 600指数、DJSJ欧洲指数绩效稍好并且在统计上有一些显著。Michael Schröder（2006）研究发现，相对于传统的市场基准组合，SRI指数并未获得不同水平的风险调整收益，许多SRI指数相对于市场基准有更高的风险。

所以，虽然国外学者对社会责任投资的绩效还是存在不同的观点和结

 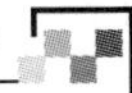

论，但是大多数研究结论都支持社会责任投资的绩效优于或不差于传统投资方式，这也验证了欧美金融市场社会责任投资日益发展成为主流方式之一的背景因素。

在对我国SRI绩效进行研究时，本书利用SRI基金和SRI指数进行研究。首先拒绝一个假设，即由于SRI基金的投资领域受限，则其相对于传统基金的绩效较差。但是SRI基金和SRI指数是否能表现更好则需要进行检验。一些SRI基金投资绩效的研究运用了匹配方法。考虑到管理、交易费用和管理能力，本书参照基金绩效研究常用的匹配方法，将SRI基金和与其有着相似规模及运营时间的传统基金进行了比较。

（2）数据和方法

下文关于中国SRI投资基金和SRI指数的绩效分析中，使用SRI基金的净资产增长率和指数的收益率来衡量SRI投资的盈利水平，用Beta系数（β）衡量风险控制能力。

$$\beta=\frac{\text{市场与样本数据的协方差}}{\text{市场方差}}=\frac{cov(Ri, R_m)}{\sigma(R_m)}$$

其中，R_i为样本的收益率，R_m为市场的收益率。

当β=1时，证券收益与市场收益的波动一致；当β>1时，称证券具有进攻型β，其收益变动幅度大于市场；当β<1时，称证券具有防御型β，其收益变动幅度小于市场。

基金绩效研究不能仅简单考虑盈利能力或风险的一个方面，而应该将风险控制和盈利能力相结合考虑。参照多数有关投资绩效的研究，本书使用夏普指数（Sharpe Ratio）、特雷诺指数（Treynor Ratio）和詹森指数（Jensen’s alpha）来衡量风险调整绩效。

夏普业绩指数

$$I_s=\frac{E(R_p)-R_f}{\sigma_p}$$

其中，R_f表示无风险利率，$E(R_p)$表示证券组合的预期收益，一般用投资组合的平均收益率来代替，σ_p表示证券组合收益率的标准差。

夏普业绩指数以无风险利率作为比较的基准，度量了每单位总风险

（系统风险和非系统风险）的风险资产的超额报酬率。夏普比率越大，说明基金经风险调整后的表现越好。

特雷诺业绩指数

$$I_t = \frac{E(R_i) - R_r}{\beta_i}$$

其中，β_i表示投资组合i的系统风险系数，R_f表示无风险利率，E（R_i）表示证券组合的预期收益。

特雷诺业绩指数以无风险利率作为比较的基准，为每单位风险（系统风险）的风险资产的超额报酬。该指数值越大，代表基金实际表现越好。

詹森业绩指数

$$J_p = \alpha \times R_p - [R_f + \beta_p (R_m - R_r)]$$

其中，J_p为回归方程的截距，即詹森指数，$\alpha \times R_p$表示一个时期内投资组合p的平均收益率，R_m为同期内市场收益率，R_f为同期无风险收益率，β_p为回归方程的斜率。

J_p值为正，说明基金的绩效超过了市场表现，说明基金组合收益在经由CAPM模型进行的风险收益调整后的表现是优异的，基金经理具有优异的选股能力。

我国现有的三只SRI基金中，兴全社会基金已经成立30个月以上，而另外两只SRI基金因为成立时间偏短，所以仅选择兴全基金作为研究对象。根据基金比较分析的匹配原则，选择基金规模和时间跨度相近的基金进行比较研究。因为规模不同和运作时间长短差异，会导致交易管理成本、管理经验和能力的差异，造成基金绩效比较研究缺乏说服力。为此，依据匹配原则，本书选取五只规模和成立时间相近的非SRI基金来同SRI基金的绩效进行比较。

（3）兴全社会责任投资基金的财务绩效

兴全社会责任投资基金是一只股票型基金，它通过基金经理的主动配置来追求经济效益和社会责任目标。传统的股票型基金根据经济和财务指标来配置资产，与传统的股票型基金相比，本书试图研究中国的SRI基金

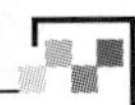

是否存在更高的或者至少不低的绩效。

第一，基金净值增长率的比较。

考虑到管理和交易成本，在分析绩效时我们运用匹配原则。本书比较了SRI基金和与其有着相似属性的非SRI基金的绩效，这种相似属性包括成立时间和基金规模。兴全社会基金是成立于2008年4月30日的股票型基金，其首次募集规模是13.88亿份。因此，选取对照的非SRI基金的成立时间在2008年3月到6月之间，并且首次募集规模在8亿到20亿份之间。

兴全社会基金和其他五只与之对比基金的净值增长率如表6-13所示：

表6-13　兴全社会基金和对比基金的净值增长率

基金简称	兴全社会	浦银安盛	嘉实精选	南方优选	招商大盘	易方达
成立日期	2008-04-30	2008-04-16	2008-05-27	2008-06-18	2008-06-19	2008-06-19
首次募集规模（亿份）	13.88	17.33	18.1	11.39	8.609	12.26
最近三个月（%）	3.62	1.36	3.19	5.56	2.01	3.89
最近六个月（%）	-8.27	-8.23	-0.54	-6.07	-12.38	-10.09
最近一年（%）	-19.19	-23.46	-13.26	-18.48	-31.87	-23.14
今年以来（%）	3.89	3.61	4.1	5.78	4.1	4.91
成立以来（%）	33.27	-25.3	63.68	52.48	18.46	52.08

资料来源：东方财富网（www.eastmoney.com）。表6-13中基金的全称依次为兴全社会责任股票、浦银安盛价值成长、嘉实研究精选、南方优选价值、招商大盘蓝筹、易方达中小盘。数据截至日期为2012年3月23日。

由表6-13可知，从兴全社会基金与其他五只年限和规模接近的传统基金的横向比较来看，在最近三个月，六只基金的收益率都为正数，兴全社会的收益率居第三位；最近六个月和最近一年，六只基金的收益率都为负数，这可能与大盘的走势低迷有关，其中兴全社会最近三个月和六个月跌幅基本处于中间位置；2012年和成立以来，兴全社会的收益率都为正，分别处于第五和第四的位置。从自身的纵向发展来看，兴全社会最近一年的收益率为-19.19%，而成立以来收益率达33.27%，说明兴全社会在成立初期的两年收益率高于最近一年。整体而言，兴全社会基金在净值增长方面表现居中。

第二，SRI基金绩效的单因素指标比较。

以基金自成立以来到2011年12月的月净值增长率数据为基础，分别计算各基金的β值、Sharpe指数、Treynor指数和Jensen α。市场收益率由上证A股指数、深证成分A股指数和中信标普国债指数共同构成，具体权重为上证A股指数和深证成分A股指数各占40%，中信标普国债指数占20%。无风险资产的收益率选取银行一年定期存款利率，并将其转化为月利率。由于在2008年5月至2011年12月样本期间银行利率经过了多次调整，一年定期存款利率依次为4.14%、3.87%、3.6%、2.52%、2.25%、2.5%、2.75%、3%、3.25%和3.5%。因此按照各利率水平在样本期的持续时间加权平均，得到无风险利率2.83%，将其转化为月利率0.2359%。

表6–14　基金绩效的单因素指标

基金简称	β值	β的t统计量	Sharpe指数	Treynor指数	Jensen α	Jensen α的t统计量
兴全社会	0.715100	9.914087	0.039200	0.003610	0.006792	1.231429
浦银安盛	1.051311	6.566605	0.028046	0.003039	0.009386	0.766622
嘉实精选	0.603677	6.571664	0.074780	0.008076	0.007498	1.066103
南方优选	0.767585	9.490716	–0.016051	–0.001421	–0.000812	–0.137836
招商大盘	0.741883	8.870951	–0.010827	–0.000980	–0.000457	–0.074998
易方达	0.842521	8.047707	–0.028995	–0.002718	–0.001983	–0.260096

注释：上表的指标计算的基金数据均为自成立以来至2011年12月的月数据。

由表6–14可知，六只基金的β值都是统计显著的。其中，只有浦银安盛的β值大于1，其余基金的β值均处于0.6至1之间，因此可以说明这五只基金的波动相对于市场组合的波动是较小的。在与同规模和成立年限的基金相比，兴全社会的β值处于第五位，表明其投资风格相对保守，风险相对较低。兴全社会、浦银安盛和嘉实精选的Sharpe指数和Treynor指数都大于零，表明其月收益率均值大于无风险利率。基于Sharpe指数和Treynor指数对基金的排名是一致的，兴全社会都排名第二。不过，所有六只基金的Jensen α数值从t统计量看都是不显著的，因此，这几只基金不适合用单因素的Jensen α衡量绩效。整体而言，兴全社会从基于风险调整的收益衡量指标上看绩效相对不错。

（4）中国社会责任指数的绩效

在分析SRI指数绩效部分时，考虑到数据的可得性和发行时间，本书选择泰达环保指数、上证社会责任指数、深证社会责任指数、巨潮-CBN-兴业全球基金社会责任指数、巨潮-南方报业-低碳50指数。市场基准组合的收益率用沪深300指数的收益率来表示。大盘指数沪深300指数从2009年8月开始进入波动阶段，除了泰达环保指数是在2008年1月2日发布以外，其他社会责任指数都是在2009年8月以后发布。这里选择的数据截至时间为2012年12月31日。

图6-2至图6-6分别表示了我国现有5只SRI指数收益率状况。

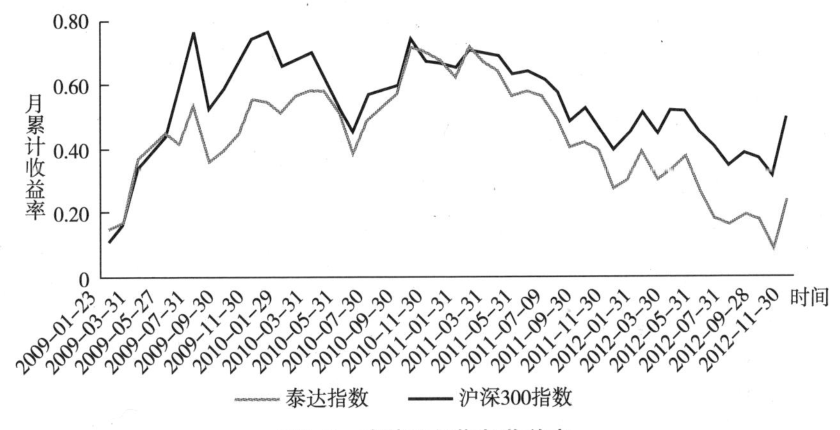

图6-2 泰达环保指数收益率

图6-3 上证社会责任指数收益率

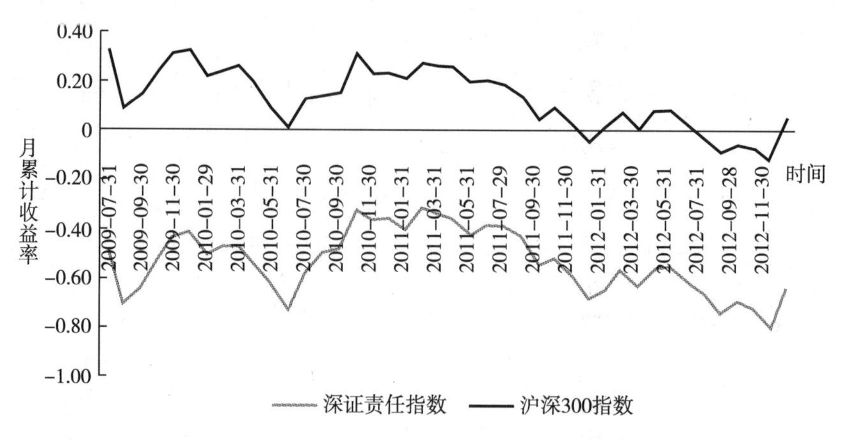

图6-4 深证社会责任指数收益率

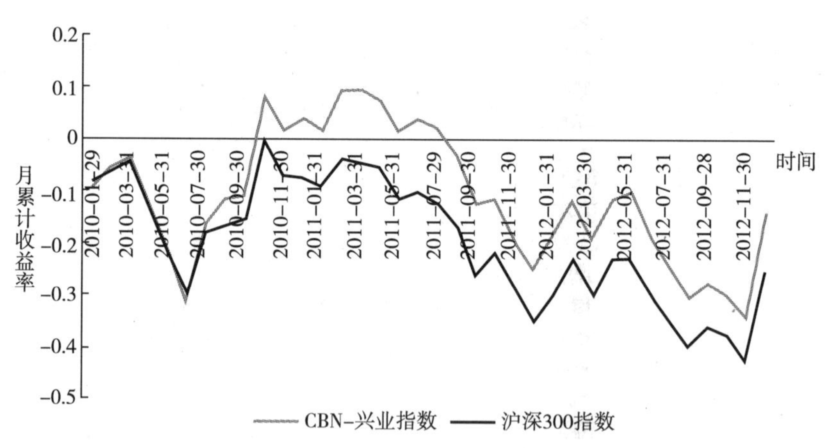

图6-5 巨潮-CBN-兴业全球基金社会责任指数收益率

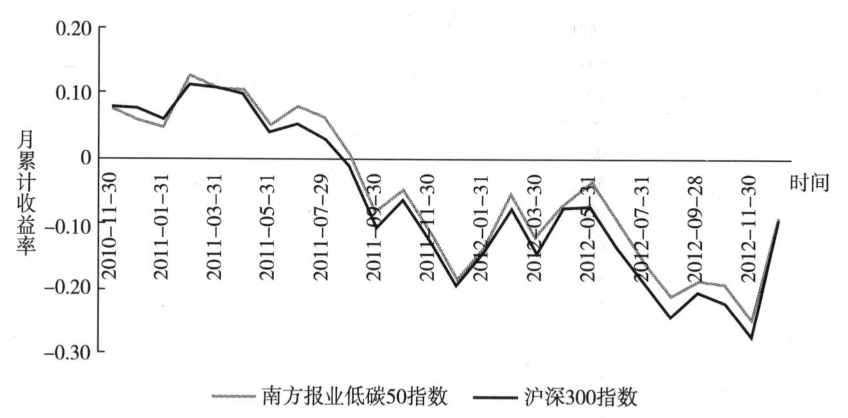

图6-6 巨潮-南方报业-低碳50指数收益率

 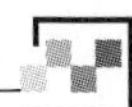

根据以上社会责任指数与基准指数沪深300的月累计收益率的比较，上证责任指数、南方报业低碳50指数与基准指数盈利能力相似（图6–3与图6–6），泰达指数收益能力不如基准指数（图6–2），深证责任指数收益能力与基准指数的走势几乎相同，但是明显低于基准指数（图6–4），CBN–兴业指数从2010年9月之后其收益能力在基准指数之上（图6–5）。

我们使用回归来计算以上五只SRI指数的周收益率，结果如表6–15所示。

表6–15　我国主要SRI指数的平均周收益率

指数	泰达指数	南方低碳50	深证责任	CBN–兴业	上证责任	沪深300
周收益率	–0.0031	0.0001	–0.0010	0.0007	–0.0007	0.00003

由表6–15可知CBN–兴业社会责任指数和南方报业低碳50指数的平均周收益率大于基准指数，而泰达环保指数、上证责任指数和深证责任指数的周收益率不及沪深300指数。仅从收益率来看，CBN–兴业社会责任指数和南方报业低碳50指数绩效更好。

SRI指数的风险控制能力和风险调整收益的指标如表6–16所示。

表6–16　SRI指数的风险控制能力指标和风险调整收益指标

指数	标准差σ	β值	R^2	Sharpe指数	Treynor指数	Jensen指数	Jensen指数p值
泰达指数	0.0335	0.9275	0.6669	–0.1012	–0.0038	–0.0031	0.0850
上证责任	0.0306	1.0000	0.9666	–0.0375	–0.0011	0.0011	0.1082
深证责任	0.0309	0.9786	0.8689	0.0457	–0.0014	–0.0014	0.1723
CBN–兴业	0.0319	1.0613	0.9596	–0.0065	0.0002	0.0006	0.2964
南方低碳	0.0297	0.9691	0.9252	–0.0127	–0.0004	3.66E–05	0.9617
沪深300	0.0295	1.00	1.00	–0.0138	–0.0004		

从标准差σ和β值这两个风险控制能力指标来分析，上述五个SRI指数的标准差都在沪深300之上，而除了CBN–兴业指数的β值略高于基准以

外，其他社会责任指数的β值都与基准指数持平或略低于基准指数。所以，包括泰达指数和南方低碳指数等5只我国社会责任指数的整体风险略低于基准指数沪深300。

从三个风险调整的收益指标来看，以Sharpe指数为标准，泰达指数和上证责任指数的Sharpe指数小于沪深300，深证责任指数和CBN–兴业指数明显高于基准，说明前两个指数的业绩劣于基准组合，其他指数优于基准组合。从Treynor指数来看，只有CBN–兴业指数的业绩优于基准组合，南方低碳50指数的业绩与基准组合持平，而泰达指数、上证责任指数和深证责任指数的业绩明显劣于基准组合。以Jensen指数回归的p值都大于0.05，所以回归结果不显著，这里的Jensen指数不能表示指数的风险调整收益能力。

上述研究表明并非所有的SRI指数绩效都显著不如市场基准。社会责任投资并不比传统投资的绩效差，与传统投资的绩效相比，中国的环境责任投资并不具有明显劣势。

6.2.3 我国资本市场环境金融发展迟缓的原因

从上述现状分析可以看出，我国资本市场社会责任投资基金和指数绩效与传统投资方式相比并没有明显劣势。社会责任投资在我国虽然有一定的突破和发展，但是投资产品较少，规模有限，还远没有成为资本市场的主流投资方式，SRI理念还没有被大多数投资者所熟知和接受。这其中有投资者需求的原因，也有金融机构供应能力的问题，还有市场建设和外部约束等环境因素。具体原因包括以下几点：

（1）我国的资本市场个人投资者偏多，短期投资偏好明显

我国资本市场机构投资者所占比例偏小，个人投资者比例偏大。这种投资者结构和欧美资本市场有很大差异。由图6–7可知，在我国资本市场上个人投资者群体庞大，其所占市场份额达到51.3%，位居各类投资者之首。相对而言，共同基金、保险公司、养老基金等机构投资者所占的市场份额较小。

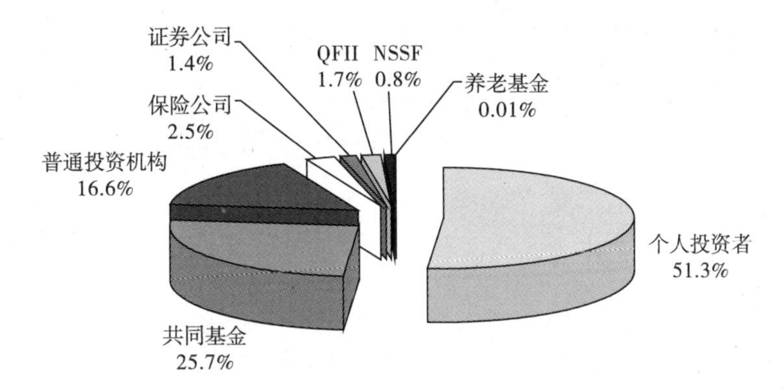

资料来源：中国证监会《中国资本市场发展报告》截至2007年12月31日。

图6–7 中国股票市场的投资者场份额

在我国资本市场投资整体结构中机构投资者比例较低的格局下，我国现有的3只SRI基金的持有者也存在明显的个人投资者比例偏高的问题。

表6–17 近年我国SRI基金的持有人结构

单位：%

基金名称	2011年末		2012年末		2013年中期	
	个人持有	机构持有	个人持有	机构持有	个人持有	机构持有
兴全基金	81.12	18.88	86.13	13.87	75.32	24.68
汇添富基金	85.83	14.17	85.38	14.62	88.96	11.04
兴全绿色基金	71.89	28.11	69.42	30.58	55.00	45.00

注：表中的机构和个人持有比例为其持有的基金份额占基金总份额的比例。
资料来源：东方财富网（www.eastmoney.com）。

虽然专注于环境责任的兴全绿色基金中机构投资者占比最高，但是三只SRI基金中机构投资者都没有占据过半以上的比例，个人投资者依然是主体，而个人投资者通常偏好短期投资。2011年，我国个人投资者的资金周转率为6.35，高于机构投资者资金周转率的4倍。虽然个人投资者的资金周转率呈现逐年下降趋势，但是仍处在较高水平。我国个人投资者通常具有的短期投资获利偏好与体现长期投资价值的SRI不相符合。

社会责任投资是一种国际金融领域新兴的投资方式，个人投资者相对于机构投资者而言，对金融专业领域的发展缺乏了解，我国资本市场个人投资者比例过高的现状也使投资者对于社会责任投资这一概念缺乏了解，这是造成对社会责任投资产品需求较少的一个原因。

我国资本市场个人投资者的社会责任投资意识薄弱，证券基金市场追求尽可能高回报收益的“唯净值论”盛行，虽然我国现有SRI市场表现整体而言与传统投资没有明显劣势，但是也未显示出明显的高收益优势。由于我国证券市场个人投资者比例过高，个人投资者倾向于追求高经济回报，对具有环保社会价值和道德收益的可持续证券投资理解和接受程度不高，基金管理公司迎合投资者偏好，对SRI宣传和产品创新动力不足。

（2）外部约束还比较薄弱

我国环保总局和银监会（2007）、证监会和保监会（2008）制定相关规则，初步构建了绿色信贷、绿色证券和绿色保险的绿色金融构架，通过“环保一票否决权”从资金源头控制高耗能、高污染企业发展，但是这些基本属于针对“准入限制”的规避性、管制性手段，对引导金融机构，尤其是机构投资者进入社会责任投资领域的激励和约束措施还不充足。

在信息披露方面，对企业履行社会责任的信息披露程度总体上还不高。在资本市场方面，我国对上市公司企业社会责任的监督机制还有待加强。表6-18揭示了2008—2011年在上海证券交易所上市公司的社会责任披露状况，表明我国资本市场社会责任信息的披露范围逐年扩大，但是扩大的幅度还比较有限。

表6-18　上海证券交易所社会责任信息披露情况

年份	2008	2009	2010	2011
社会责任报告披露总数	290	318	327	351
其中：“上证公司治理板块”样本公司	231	237	241	263
发行境外上市外资股公司	49	55	56	59
金融类公司	21	26	28	31
自愿披露公司	32	39	52	55
注：重复计算的公司数	43	39	50	57
披露每股社会贡献值的公司	76	88	92	91
聘请中介机构进行审验的公司	12	16	15	22

资料来源：《沪市上市公司2011年度社会责任报告披露情况分析》。

根据《中国上市公司社会责任信息披露研究报告2012》，截至2012年4月30日，我国A股上市公司发布社会责任报告共592份，较上年同期增长11.49%，其中有194家自愿发布社会责任报告的公司，其余近400家属于强制性披露义务的上市公司。相对于报告期间我国2338家上市公司的总数，以上披露社会责任信息的公司数量仍然偏少，难以有效推动资本市场投资者对上市公司社会责任的关注，进而更多地关注社会责任的投资品种。

（3）缺乏合格的金融研究和产品管理人员

在研究机构方面，我国还缺乏专业的ESG研究机构，国内也缺乏既了解ESG市场又掌握相关财务评估方法的专业人员，而我国机构投资者的SRI还处在介绍推广的阶段。国内的社会责任投资者只能通过部分公司内部人员的研究和少数国际ESG研究机构来了解我国的ESG信息。金融机构人员缺乏对节能减排行业的了解，跨行业人才缺乏，导致对节能减排融资方案设计中，对项目的技术专业特点及风险认知不足。“金融界和环境、能源界互相不明白对方在说什么，有点像是鸡同鸭讲。”现在急需跨行业的环境金融人才[①]。

6.3　我国政策性环境金融的现状

国家为实现低碳经济发展目标而采取的金融手段包括直接或间接的金融管理法规，以及政策性金融机构的环境金融运作，这些都属于广义范畴的政策性环境金融。

6.3.1　我国环境金融管理法规及政策性银行环境金融实践

6.3.1.1　现有主要环境金融管理法规

自20世纪80年代开始，我国就逐步重视金融对环境保护和经济发展的重要作用，国家发改委和中央银行、中国银监会、中国证监会等管理机构近年来陆续出台了一系列针对环保问题的金融政策，这些金融管理法规政策主要有：

①《新能源金融“突围”》，载《南方周末》，2013年5月17日。

1995年，当时的国家环保局发布的《关于运用信贷政策促进环境保护工作的通知》和中国人民银行发布的《关于贯彻信贷政策与加强环境保护工作有关问题的通知》，要求把环保和污染防治作为信贷工作的考虑因素。

2007年6月中国人民银行发布的《关于改进和加强节能环保领域金融服务工作的指导意见》，2007年7月原国家环境保护总局、中国人民银行、中国银行业监督管理委员会联合发布的《关于落实环保政策法规防范信贷风险的意见》，2007年11月中国银行业监督管理委员会发布的《节能减排授信工作指导意见》。

2009年发布的《关于进一步做好金融服务支持重点产业调整振兴和抑制部分行业产能过剩的指导意见》，确定了金融促进经济发展的九条政策（国九条），其中包括提高对中小企业比重、优先安排生态环境建设等领域发展债券等措施。

2010年，我国明确提出加大工作力度确保实现节能减排目标完成，2010年5月中国人民银行和中国银监会发布的《关于进一步做好支持节能减排和淘汰落后产能金融服务工作的意见》强调，把支持节能减排和淘汰落后产能作为加强银行审贷管理的重要参照依据，合理配置信贷资源，确保实现“十一五”节能减排和淘汰落后产能的目标。2011年，发布《关于支持循环经济发展的投融资政策措施意见的通知》。

与此同时，国家也加强上市公司的环保监管，出台了绿色证券政策。绿色证券政策是从直接融资的角度来限制污染，通过调控社会募集资金投向，遏制高能耗、高污染企业过度扩张。2008年2月原国家环境保护总局发布了《关于加强上市公司环境保护监督管理工作的指导意见》，该意见规定了绿色证券的基本制度基础——上市公司环保核查制度，上市公司环境信息披露机制和上市公司环境绩效评估机制。

6.3.1.2　我国政策性银行环境金融的实践

政策性银行可以通过与政府公共财政投入的相辅相成，激励商业性环境金融的发展，撬动私人投资。我国政策性银行主要有国家开发银行、中

国进出口银行和中国农业发展银行。中国的这三大政策性银行根据自身特点在应对气候变化领域开展了相应的业务（见表6–19）。但是，目前环境金融相关的领域并不是政策性银行所重点关注的领域。

表6–19　中国政策性银行的环境金融业务概况

政策性金融机构	业务重点	融资项目举例
国家开发银行	以包括能源投资项目在内的基础设施、基础产业和支柱产业项目	为环保“十一五”和“十二五”规划项目提供1000亿元政策性贷款。为科技部试点企业提供500亿元政策性贷款。
中国进出口银行	外国政府及国际金融机构优惠贷款的转贷业务；以节能减排与新能源贷款为主要内容的绿色信贷业务	2011年中国进出口银行实施节能减排及新能源贷款项目54个，批准贷款74亿元人民币，贷款余额约47亿元。
中国农业发展银行	农村能源开发利用项目及水污染治理、水资源节约利用等以改善农村生态和生活环境的重点工程项目	截至2010年底，农发行涉及节能减排贷款余额437亿元。

资料来源：相关银行网站。

在三家政策性银行中，国家开发银行在绿色金融和可持续投资方面的业务相对丰富。国家开发银行作为我国的开发性金融机构，一直以包括能源投资项目在内的基础设施、基础产业和支柱产业项目作为重点支持对象。国开行于2005年与环保局签订了“开发性金融合作协议”，承诺为环保“十一五”规划项目提供500亿元政策性贷款。2006年3月国开行与科技部签署了《“十一五”期间支持自主创新开发性金融合作协议》，承诺向科技部选定的创新型试点企业提供500亿元政策性贷款，这个部分对节能环保领域的科技创新型企业也能提供融资支持。国开行于2010年制定了《支持节能减排金融服务工作指导意见》等文件，共发放节能减排和环保贷款2320亿元。近年来，国开行还与部分省市政府、企业签订了“开发性金融合作协议”，支持节能环保和低碳产业的发展。

国开行对其贷款支持的、建成投产时间在2006—2009年的532个节能减排项目的节能减排效益测算评价的结果表明，项目共形成节能能力2100万吨标煤，协同新增CO_2削减能力18348万吨，国家开发银行的业务运作支持了地方低碳环保产业的发展。但是，国开行多是和政府部门签订合作关系协议开展业务，依照的是财政资金系统渠道，与商业银行等金融渠道的链接不清晰，在国内环境金融或者是气候金融领域与商业银行的合作不够。

我国政策性银行的环境金融业务中，相当多的是作为国际多边金融机构的合作方承担国际气候金融资金在中国项目的转贷环节。例如，中国进出口银行开展的外国政府及国际金融机构优惠贷款的转贷业务，自2009年起，中国进出口银行参与中德合作国际气候保护项下的能效/可再生能源贷款项目（德国复兴信贷银行KFW作为外方实施机构）。德方资金采用中间信贷方式，由中国财政部转贷给中国进出口银行，中国进出口银行再使用这部分资金向国内合格的能效/可再生能源子项目提供人民币贷款，并提供配套人民币贷款，贷款期限最长不超过10年。截至2010年年底，在中国进出口银行的外国政府及国际金融机构贷款转贷余额中，环境治理、节能减排和新能源领域的余额占24.96%。

银行社会责任报告是反映银行环境责任履行和环境金融业务发展程度的重要渠道。但是我国三大政策性银行中，除了国家开发银行自2007年起每年编制和发布《国家开发银行社会责任报告》外，中国进出口银行和农业发展银行都还没有发布社会责任报告[①]，绿色金融履行状况还仅仅只是这两家银行年报中社会责任栏目下的一个段落，主要信息就是汇总当年节能环保的贷款总额及“两高一剩”行业贷款金额控制的比例。

6.3.2 我国市场型政策性环境金融的评价

6.3.2.1 我国环境金融法规管理的评价

我国政策性环境金融和西方国家政策性环境金融有较大差别。西方国家的政策性环境金融更多体现在政策性金融机构的运作和政策引导方面，而直接对金融机构关于环境金融的监管法规比较少。我国政策性金融中关于环境金融的法规制度发挥着较大的作用，我国现有商业银行绿色信贷业务主要

① 截止于2013年11月。

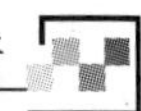

由中国人民银行、中国银监会和国家环保总局联合推出的绿色信贷政策推动，由金融管理部门对商业银行提出要求和实行直接行政监管，绿色证券和绿色保险体系也是由中国证监会和中国保监会的法规引导形成。这种中国特色的可持续金融发展模式被西方一些专门做可持续投资的机构称之为“the Chinese Way”。我国政策性环境金融中金融管理法规及行政手段作用较大的特点是由于我国和西方国家不同的市场环境和法律背景造成的。

欧美主要金融业发达国家的金融监管部门主要是基于金融稳定和公平竞争等立场进行监管，监管部门遵循市场自由竞争理论倡导的“Arm's Length Principle”，其监管措施更倾向于行业自律措施，而不是通过行政性措施直接指导或要求、限制金融机构贷款行业的投向。西方市场经济发达国家更多是通过影响市场活动的成本——风险结构来影响企业和金融机构的行为。主要方法就是通过环境立法和加强环境执法，从而增加企业环境违法成本，导致金融机构信贷的风险结构发生变化。由此，利用市场机制下的利益链，把企业可持续发展的“信号”传递给金融机构，从而使其产生控制环境风险的动力。

美国、加拿大、英国、德国、日本等国都制定了针对商业银行直接环境责任和间接环境责任的严格环境法律法规，形成了对绿色信贷强制性的制度变迁作用。美国自20世纪70年代以来制定了26部涉及水环境、大气污染、废物管理、污染场地清除等有关环境保护的法律，其中美国1980年《综合环境反应、赔偿和责任法》（CERCLA，又称为《超级基金法》）对商业银行影响最大。该法律规定商业银行对客户造成的环境污染也要承担“严格、连带和具有追溯力”的法律责任，这部对商业银行追究环境责任的法律迫使商业银行做出普遍迅速的反应。此外诸如加拿大的《环境保护法》、日本2003年《土地污染对策法》以及德国的一系列严格的环境保护法案，尤其是德国循环经济的立法也都给商业银行形成了直接的压力。这些法律通过直接或间接的途径会极大地影响商业银行的利润，形成商业银行信贷业务中不可忽视的环境风险。由于西方国家在立法层面上有较为严格的环保法律，商业银行绿色信贷的开展多是起源于有力的强制性制度变迁过程，而金融监管体系固有的自由放松模式，使西方国家政策性环境金融领域直接的法规和行政干预比较少，但是由于其立法层面上较为严格的环保法律能形成强制性的效果，商业银行都能普遍开始规避具有环境风险的信贷投放。

我国由于环保立法和执法相对落后，在市场机制功能尚未完善、金融体系行业自律作用有限，金融监管部门多种直接或间接的信贷指引和要求符合我国经济金融运行特点的诱致性制度安排，是我国政策性环境金融发展的重要构成部分。从整体来说，我国环境金融领域的政策法规多以管制、行政型为主，限制商业性资金进入高污染、高能耗领域，由此商业银行开展绿色信贷业务是出于政策要求和社会责任等方面考虑，要求银行采取逆向性选择的方法，逐步减少和退出“两高一剩”产业，但是金融监管部门引导银行正向性选择的措施不够，银行基于环境项目盈利性所产生的创新动力缺乏。

不论是西方严格环境责任立法下引致的商业银行规避环境风险的信贷业务管理创新，还是我国商业银行在监管部门直接要求下控制和退出高污染行业，这都还属于规避型环境金融业务。西方国家严格的环境立法背景下，商业银行普遍较早地进入规避型环境金融这一初级阶段，为引导商业银行重视环境意识，推动向主动型环境金融阶段发展奠定了基础。

我国环境金融政策多属指导性文件，比较原则抽象，政策信号不够明确，环境金融发展推动不足。虽然相关部门已经层层分解并下达了减排指标，但是这些指标并不是明确的“限额”，同时配套政策和措施没有跟上，因此政策信号不够明确，创造的市场规模也具有不确定性。所以，在我国现有以金融管理部门为主的管理下，商业银行规避型环境金融都还难以普及实现。

由于政策管理对企业的激励作用以及对风险的控制作用并不明显，以盈利为目的的金融机构没有动力主动开发相应的环境金融工具，引导资金流向环境友好型企业。

针对中国银行业享受市场垄断和高利差收益的背景，金融监管部门如

何激励商业性资金进入环保节能领域的具体措施还很缺乏，而且在实践中也将面临监管成本和监管能力的限制。如何激励商业银行积极主动地开拓环保节能行业的信贷业务和金融服务产品，则需要政策性金融在激励措施方面的创新。

6.3.2.2 我国政策性银行环境金融实践评价

理论上，中国的三大政策性银行是通过公共资金撬动国内商业性金融和私人资本投向气候领域和环保领域的重要政策性金融机构。但是从我国政策性银行的环境金融实践可以看出，目前三大政策性银行还没有将气候影响、环境效益作为开展业务的重要考虑指标；相关的政策性金融资金也没有形成完善的引导商业性金融的机制框架。公共资金的直接支持功能比较明显，但是资金导向功能不够，公共资金撬动商业性资金，发挥杠杆放大功能的操作和实践还较匮乏。

从我国政策性银行的环保节能信贷业务模式可以看出，现有绿色信贷基本是由政策性银行直接对地方重点工程、重点企业进行的融资扶持，而通过和商业银行建立合作关系，由商业银行转贷国开行等政策性银行资金，和商业银行分担信贷风险等安排还比较少。在很大程度上，政策性银行和商业银行在绿色信贷领域是竞争关系，而非合作促进、引导关系。目前对政策性或开发性金融机构较少提及额外性的要求，对商业性业务和政策性功能还在争议探索中，常常难以避免商业银行对政策性银行、开发银行抢占商业银行业务的指责。

可见，我国环境金融的政策性金融层面，尤其是政策性环境金融机构的功能层面还存在一定的缺失。这与我国政策性金融机构改革的背景有关。我国三大政策性银行正处在定位改革发展的进程中，关于政策性和商业性的发展还存在争议。国家开发银行是继续进行商业化改革进程，还是明确发挥政策性金融机构的功能还存在着不同观点，现有政策性金融机构与商业性金融机构的关系还在磨合定位中，尤其是市场型政策性环境金融缺乏明确的责任主体和执行机构，这些发展中的问题必然影响了环境金融领域政策性金融机构应有功能的发挥。

7 我国市场导向型环境金融发展的对策

我国环境金融发展还具有比较明显的政府导向的特点，管制型、行政型政策管理手段居多，市场化手段创新不足，政策性金融机构与商业性金融机构在环境金融领域的对接薄弱。商业银行自主性的环境金融的创新还偏少，资本市场社会责任投资还远没有成为市场普遍接受的投资方式。为推动我国环境金融的发展，必须同时关注政策性和商业性环境金融两个层面的市场化发展，探索市场化的政策工具和政策性金融机构运作，激励商业性金融机构主动性的环境金融发展和创新，并完善有利于市场导向型环境金融发展的外部环境。

7.1 完善市场导向型环境金融发展的外部环境

环境金融发展的外部环境包括环保立法及执法建设、经济金融财税改革进程、公民社会环保运动的发展、企业社会责任观的发展、资本市场及商业银行改革发展等多种因素，这些因素可以影响环境金融的创新供求关系，影响创新的扩散和普及，所以是探索环境金融发展对策研究不可忽视的部分。为营造有利于市场导向型环境金融、推动可持续金融业发展的外部环境，应该在以下方面进行改革探索。

（1）深化金融体制改革

为突破中国金融体系固有的脆弱性对环境金融发展所带来的瓶颈，需要进一步推动金融制度的改革，健全金融法律法规和监管体系，保障金融安全，防范金融风险。建立市场化的激励约束机制，继续稳步推行利率市场化改革，降低银行业市场准入门槛，减少对银行业垄断性经营的保护，提高商业银行间的竞争，从而引导商业银行更多地关注和挖掘环保节能领域的市场机遇。推动商业银行公司治理水平和业务创新能力提升，进一步

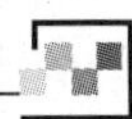

完善多层次资本市场建设，规范新兴金融公司和民间金融的发展，培育创新能力。加快碳排放权交易市场的试点建设，为商业性金融机构开展碳金融业务提供平台。

（2）加强环保信息建设和环境保护执法要求

各级环保部门加大对企业环境责任的监控和执法力度，提高环保标准，促进企业更多地改善能源结构，淘汰高能耗、高污染的生产，增加对新能源和节能减排项目的投资，提高对环境金融创新的需求。加强环保信息披露和共享机制建设，加强建筑、汽车节能技术评估、绿色认证和标签的管理，为银行开发节能建筑、节能汽车、节能照明项目等环境金融产品提供具体可操作的技术依据。

（3）深化能源价格和税收改革，推动新能源市场发展

进一步细化和完善电价政策改革，改变传统化石能源和新能源的价格结构，探索碳排放税收制度，营造新能源稳定的市场发展趋势，推动可再生能源产业的发展，从而推动融资需求的增加和市场发展前景，提高新能源投资规划项目的经济可行性，这些有利于提升新能源技术项目在商业银行和资本市场的融资能力。

（4）确保节能环保产业发展政策的一致、统一和稳定

我国长期追求GDP增长的粗放型经济增长模式，节能减排等能效改造项目在经济发展的很多方面都没有引起足够的重视，未能享受发展优先权。针对现实经济主体参差不齐的节能减排融资需求，需要营造有利的经济政策和市场环境来激励和培养市场需求，并且政府应该对新能源、节能减排等低碳产业有持久清晰的政策框架，保证政策的一致性和统一性，以此激励金融机构做出有规模的、具有长远发展潜力的环境金融产品创新的研发、市场开发和内部推广。

（5）充分利用公共事业的能效融资需求

对政府机构和政府管理的公用事业单位制定明确的节能减排目标，积极投资于公共事业服务中的能效改造，刺激对节能减排服务和融资需求的增长。以此带动整体性的市场行为，激励金融机构的金融创新，推动银行

对节能减排融资业务的熟悉和规模化、标准化的发展。

（6）发挥环保运动的公民力量，发挥利益相关者的作用

推动环保运动，发挥公民力量，提升公共的环保意识，使公众作为投资者能更加关注投资的环境绩效，提高公众对环境责任投资基金和银行理财产品的了解和投资意识；发挥市场舆论的约束力量，增强金融机构顾客、雇员、公众等利益相关者对金融机构环保责任的影响力。政府监管部门进一步加大在信息披露、优秀绿色银行评比、环境保护意识宣传方面的力度。鼓励放大民间研究机构和环保机构的活动，发挥环保类NGO 对金融机构，尤其是银行业金融机构的监督和促进作用，从而推动利益相关者对银行环境金融开展的推动作用。

7.2 市场型政策性环境金融发展的建议

从前面主动型商业性环境金融发展的障碍因素分析可以看出，如何促进我国商业性环境金融的市场化发展，关键是如何对环境金融产品的供求方都有吸引力，从而创造出企业投资者、金融机构和社会“三赢”的局面。为此，需要政府及政策性金融机构创新管理方式，改变环境金融的创新环境，激励环境金融创新的供应和需求的增长，并推动创新在金融体系内的采纳和扩散。市场型政策性环境金融的发展探索包括市场型环境金融管理手段的探索和政策性金融机构运作改革。为此，应在以下方面进行政策性环境金融的创新。

（1）完善环境金融政策法规

进一步深化绿色信贷、绿色证券、绿色保险的监管法规和政策，提高政策的可操作性，制定和细化环境金融政策，加强对金融机构的引导，发挥金融监管部门的权威引导作用。除了“环保一票否决”等管制型政策要求外，应重视有利于激励商业银行、投资银行自主性环境金融发展的政策导向。

（2）明确政策性金融机构的环境金融发展责任

明确政策性金融机构的定位和职能，加快现有政策性银行的改革，

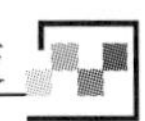

或建立新的政策性环境金融专业机构，也可以和行业管理部门合作设置若干专业的政府投资代理机构。对政策性金融机构提出明确量化的环境责任要求，对环境性业务增长的幅度和占比提出具体要求，设计合理的评估指标，制定具体可行的环境金融内部管理制度。

提高对中国进出口银行和农业发展银行的可持续金融发展的责任要求，引导这两家银行编制和发布社会责任报告，接受社会监督。

（3）强调政策性环境金融的杠杆放大功能

探索基于市场的政策性金融手段创新，强调政策性环境金融对商业性金融的引导和杠杆扩大功能。在和私人及商业性金融衔接过程中，注意强调政策性金融的额外性，加强对政策性金融支持和引导措施的绩效评价，制定明确的政策评价标准来评估考核政策性金融资金撬动商业性金融的杠杆效应。

注重和商业性金融的对接，鼓励基于市场的政策工具在环境金融管理领域的运用，探索“次级权益地位”或“首要损失权益”的金融工具，通过改变低碳环保项目的风险和收益关系，提高项目的可融资性，提升社会的绿色投资意愿，推动金融机构环境金融产品的供应。注重低碳技术发展的周期性，有效介入商业性和私人投资短缺的阶段，推动低碳环保技术项目和产业的发展进入商业化阶段，从而使商业性的债权和股权融资成为主体。

（4）加强和商业性金融机构的合作

强调政策性金融机构与商业性金融机构在环境金融领域的合作，明确合作关系，带动商业性金融机构，尤其是中小金融机构的环境金融发展；关注地方中小型银行和农村金融机构环境责任和环境风险管理，协助地方金融机构环境金融业务的能力建设，提供技术援助和人员培训，帮助制定环境风险标准化监测和评估系统，降低交易成本，并为商业银行开展碳金融业务创造条件。发挥金融行业协会在环境金融经验交流与合作领域的作用。

（5）加强国际合作

加强与国际金融组织和其他国家政策性金融机构在气候金融、绿色金融、责任投资等领域的合作，引进气候环保资金，学习经验，并为国内商业银行牵线搭桥，带动国内商业银行、投资银行、中小企业融资担保公司等金融机构和国际多边金融机构的合作，使商业性金融机构熟悉环境金融，培养能力，并借鉴国际先进经验进行主动性环境金融的创新。

7.3 推进主动型商业性环境金融发展的措施

主动型商业性环境金融指的是金融机构基于自身商业利益的追求而主动进行的创新，而非规避和应对政策管制和行政要求而进行创新。只有商业性金融机构普遍积极进行主动型环境金融业务，环境金融业务才能成为微观金融的主流。推动市场导向型的商业性环境金融包括两个部分：激励商业银行自主积极地开展环境金融业务和激励社会责任投资成为资本市场投资主流。

7.3.1 激励商业银行主动型环境金融发展的对策

现有银行退出“两高一剩”产业的绿色信贷管理只是基于政府法规的被动型、规避型金融创新，未能发挥金融机构信贷融资正向支持环保产业的功能。为此，应激励商业性金融机构基于市场化的环境金融发展，从规避环境风险、抗拒环境责任的消极阶段发展到积极主动的业务创新拓展阶段，并在金融体系内积极采纳和扩散创新型产品。只有这样才能使环境金融的创新和推广成为商业性金融机构普遍接受并能促进其自身盈利发展的可持续性模式。具体而言，可以采取以下措施：

（1）提高对绿色信贷融资的需求

有效利用财政资金和政策性金融渠道，通过提供补贴、贴息等方式，由各级政府财政出资构建“绿色基金”，对企业节能减排项目进行补助，对节能减排新技术项目开发企业和中小型企业提供担保等信用增强服务，分担新技术开发和市场化过程中的损失，降低绿色投资的风险以提高企业节能环保项目的融资需求。

（2）运用市场型政策金融手段改善商业银行环境金融的风险收益关系

明确和完善绿色信贷的政策和标准，探索政策性金融机构分担风险的手段，激励商业银行资金进入节能减排融资市场。结合中小企业信贷支持、科技创新型企业创业融资等已有平台，探索能效融资、合同能源融资等金融创新的渠道。政策性金融机构或政府投资代理机构制定风险分担的可操作政策指南，通过担保、或然性贷款、信用额度等风险分担等方式，分担商业性金融机构承担的特定范围内的环境金融业务风险。提供利息贴补，提高环境金融业务的收益，补偿新产品创新初始成本投入，从而激励商业银行环境金融的发展与创新。

（3）完善商业银行环境金融内部管理制度

商业性金融机构在董事会等高端层面要重视和确认环境金融发展的战略重要性，将环境金融发展指定为金融机构的核心战略业务。在银行内部管理制度上确定专门人员管理环境金融业务的资源配置和相关能力建设，提高具体业务部门全面分析和识别环境金融业务机会的能力，结合本银行自身定位和市场优势，开发相关环境金融产品及方案，研究和制定环境风险识别、测度和管理的手段，提高低碳项目融资风险管理的能力，在银行内部落实环境金融产品方案。

（4）鼓励商业银行在零售业务领域的绿色金融产品创新

我国商业银行绿色信贷多集中在对公业务中，在零售业务领域基本还属于空白。为此，应鼓励商业银行在零售业务领域的绿色金融创新，可以首先从节能环保型住房、汽车类个人信贷业务和住房开发贷款入手，引导商业银行的环境金融产品创新。政策性金融机构可以通过与商业银行合作的途径，培养商业银行知识和能力，启动相关业务的创新，加强和财政税收等政府部门配合协调，提供节能认证和绿色标签信息服务，通过节能住房、节能汽车财税补贴等手段与获得相关商业性贷款结合，激发建筑、汽车、运输领域绿色金融产品创新的供求增长。

（5）强化市场舆论对商业银行环境责任的影响

强化对商业银行社会责任报告中环境责任揭示的透明度要求。加强行业协会的引导作用，对环境金融发展领先银行进行评奖和宣传，发挥先行者的市场声誉和领先者优势的影响力，吸引更多金融机构模仿和采纳创新产品，并形成对落后银行的市场压力。发挥多方评估机构，包括民间机构对商业银行环境责任及环境金融发展的监督作用。

（6）推广领先银行经验，探索环境金融业务的收益

通过银行业协会和行业新闻等渠道推广领先银行的经验。对于商业银行而言，执行绿色信贷业务并不是必然意味着承担更高风险和更多的成本支出，通过有效的环境金融产品创新，银行可以发挥规模效益，推动产品的标准化，从而降低成本。并且，银行通过利用客户间产品交叉营销的途径增加收益，通过银行资产多样化的有效运作可以控制和降低信贷业务的风险。环境金融业务发展能增加对客户的吸引力，加强和原有客户的联系，更能拓展新的客户群体从而也有利于银行竞争力的提升。通过行业内交流和示范，使银行改变消极承担环境责任的风险收益观。鼓励商业银行和政策性金融机构及国际多边金融机构在环境金融领域的合作，培养商业银行主动进行环境金融的创新和业务拓展的能力。

7.3.2 促进资本市场环境金融主流发展的对策

我国的社会责任投资还处于起步阶段，无法完全复制发达国家和地区的SRI投资理念和投资模式。但是SRI在我国有巨大的发展潜力，在激励资本市场主动性环境金融发展方面应做好以下几个方面的工作。

（1）发挥养老基金推动资本市场环境责任投资的作用

强调国家社保基金等养老基金的环境责任和进行社会责任投资的要求，逐步提出约束性的明确要求，并对企业年金和市场性养老基金的社会责任投资进行所得税税率的减免激励。增加高信用等级的绿色债券、气候债券的发行，丰富养老基金的固定收益类投资品种。通过养老基金的参与，发挥养老基金对资本市场资产管理机构的示范和带动作用，提高社会责任投资和环境类责任投资基金的市场规模，降低交易成本，提高市场流动性，这有利于推动社会责任投资基金等投资品种的财务绩效，从而提高资本市场资产管理机构的SRI投资意愿。

（2）强化企业社会责任报告要求，宣传SRI理念

逐步强化资本市场企业社会责任报告的责任和质量要求，形成与社会责任投资相关的价值衡量体系。设计有关财务、社会和环境的评价指标，使用财务绩效、社会绩效和环境绩效共同评价上市公司的价值。政府加强宣传SRI，培育投资者的SRI理念和意识。同时结合新闻舆论的导向和监督作用，加大对企业社会责任的宣传和引导工作，强化宣传企业社会责任承担方式、内容和意义。鼓励资产管理机构了解和参与国际责任投资公约，推动国内证券投资行业协会制定和推广责任投资的行业自愿性协定。

（3）深化多层次资本市场改革，完善市场投资者机构

深化多层次资本市场的改革，发挥创业板渠道对低碳环保领域创新型产业的融资支持和资源引导功能。通过建立政府引导基金等方式鼓励和引导风险投资企业投向发展初期的低碳环保型企业。进一步完善多层次的资本市场，为新能源、清洁生产技术等环保科技创业型企业融资和风险投资的退出提供通畅的渠道。继续鼓励机构投资者的发展，降低个人投资者的比例，提高投资者理性长期投资行为的比重。

（4）加快SRI相关金融产品开发

鼓励设立更多专门的社会责任基金，包括共同基金、私募基金甚至是信托理财产品。以社会责任投资为主题的公募基金产品、信托产品等在审批或核准上予以优先考虑。也可以明确鼓励一些投资产品较丰富、规模较大的基金公司进行一定比例的SRI。继续丰富社会责任指数，指引市场的投资意识，为基金公司开发更多的SRI 指数基金产品创造条件。

（5）鼓励节能和新能源资产的证券化[①]

鼓励国内投资银行和证券公司探索节能和新能源资产的证券化，将节能或新能源资产做成资产池，再以该资产池所产生的现金流为支撑在金融市场上发行有价证券融资。这将有助于盘活节能和新能源资产，为中小

① 2013年3月，上海证券联合SOLARZOOM率先推出了资产证券化的业务，我国的能效融资证券化还处于刚刚起步阶段。

投资者提供投资新能源的证券品种，为节能项目增加融资渠道降低融资成本，也为券商提供新的盈利产品。

（6）加强人才培养

建立我国SRI、ESG研究机构，相关机构可以建立我国的ESG研究数据库，并引导学术机构和券商利用数据库对我国的ESG和SRI进行研究。鼓励证券交易和研究机构加强和国际证券交易研究机构的合作，熟悉了解SRI产品创新和管理策略，证券管理部门和行业协会牵头组织行业内的学术交流和培训活动，通过行业内SRI投资领先机构和知名SRI基金管理机构的示范作用，普及SRI投资意识，提高基金管理机构的SRI投资管理能力。同时，培养跨金融和环境科学、能源生产的跨行业环境金融人才，提高金融机构对环境项目技术及风险的认知能力。

8 总结与展望

8.1 主要结论

本书运用环境经济学、金融创新、可持续金融、商业银行管理与证券投资等多学科基本理论，以市场导向型环境金融为研究对象，对环境金融内涵、性质、分类、动因等进行了分析，并探讨了政策性环境金融作用于商业性环境金融的机理。并对市场导向型环境金融的国际实践和经验进行了总结，对中国环境金融典型产品和环境金融管理现状进行了分析，对我国商业银行和资本市场环境金融发展的经济绩效进行了实证检验，在此基础上提出了我国市场导向型环境金融发展的对策建议。通过研究，本书得出如下结论：

（1）环境金融是金融业应对环境保护需要而产生的创新性金融模式，它包括金融管理部门从环保角度重新调整的管理政策和管理手段，以及金融机构和金融市场应对环保需要而调整、创新的经营理念、金融产品、业务流程和市场结构。以可持续发展为基础，政府干预是环境金融发展的基本特征。根据实施主体，环境金融可以分为政策性环境金融和商业性环境金融。政策性环境金融对商业性环境金融有引导和放大的功能。商业性金融机构基于成本降低、环境风险管理、市场机遇和应对利益相关者压力等原因进行金融创新。

（2）根据金融创新中政府与市场作用的不同，政策性环境金融可以分为管制型和市场型创新，商业性环境金融可以分为规避型和主动型创新。管制型政策性环境金融和规避型商业性环境金融可以归纳为政府主导型环境金融，而市场型政策性环境金融和主动型商业性环境金融可以定义为市场导向型环境金融。

依托环境经济学理论基础，通过比较研究，市场型环境金融的管理手段比行政管制型手段在解决金融市场失灵、发挥公共资金杠杆撬动商业性金融、激励商业性金融自主开展环境金融业务方面具有明显优势。根据可持续银行发展的阶段论，商业银行环境金融发展一般遵循抗拒、预防、主动和可持续等阶段，即商业银行环境金融发展遵循从规避型到基于商业利益的主动型创新的发展方向。为此可以总结提出，包含宏观层面的市场型政策性环境金融和微观层面的主动型商业性环境金融是环境金融的发展方向，即市场导向型环境金融的发展趋势。

（3）政策性环境金融通过对低碳环保产业的资金支持而形成对自主型商业性环境金融的间接支持作用。而市场型环境金融政策可以撬动商业性环境金融杠杆倍数的放大，这种对商业性金融的直接引导更能发挥政策性资金的功效。所以，在政策性环境金融与商业性环境金融连接时，应该基于市场的导向，考虑环境金融管理政策的额外性，评估政策效力的杠杆率。由于低碳融资项目在可融资性方面的缺陷以及低碳技术项目发展阶段中的“死亡谷”阻碍，政策性环境金融可以从提升低碳项目可融资性、改变低碳项目风险—收益结构的途径激励市场导向型商业性环境金融的发展。

（4）各国间商业银行环境金融发展的程度还存在差异，但是欧美商业银行正在一定程度地进入主动型环境金融新发展阶段。赤道原则在国际间的影响反映了商业银行在项目融资领域自主性接受环境责任标准的状况，欧美商业银行环境金融的典型产品表明，主动型的银行环境金融创新产品可以跨越较长的产品线，在零售领域给银行提供可观的利益，同时政府环境金融管理中MBIs的运用也是至关重要的。资本市场环境金融发展主要体现为社会责任投资的发展，SRI已经进入欧美资本市场的主流。资本市场市场型环境金融发展的原因包括：政府在证券市场的SRI激励措施以及对养老基金带动SRI作用的重视，国内国际责任投资公约影响和企业社会责任运动的发展，而SRI投资绩效对投资者能够有吸引力也是关键因素。

国际政策性金融机构的环境金融运作经验表明：创新性利用信用额

度、担保、或然性赠款以及或然贷款等基于市场的金融管理工具，利用与商业性金融机构合作，政策性金融机构通过次级收益权益或首要损失权益地位的安排，可以有效撬动放大商业性金融机构的环境金融业务。

（5）我国环境金融创新发展已开始起步，目前国内一些银行在绿色信贷产品上有一定创新，多家银行开始公布的企业社会责任报告也能反映我国商业银行环境金融的发展，上市银行绿色信贷表现和银行经济绩效的验证也基本存在正相关性。但是利用银行业社会责任报告的解读和综合研究机构的评价可以得出我国商业银行环境金融发展还处在“雷声大、雨点小”阶段的判断，主动型的环境金融还较缺乏。其原因有环境金融需求层面客户、项目特点的阻碍，以及供应层面在可选择金融工具、融资匹配、机会选择等因素的影响，也有我国利率市场化进展缓慢、经济发展对银行需求大、银行对大型项目大型企业固有偏好等我国金融机构自身的原因。我国资本市场环境金融在SRI基金、SRI指数建设方面已有所起步，现有SRI基金和SRI指数的绩效也能支持投资者的选择，但是较低的SRI基金规模和发展速度都表明我国资本市场主动型环境金融发展还远没有实现，其主要原因在于我国资本市场投资者结构缺陷、薄弱的市场外部约束、公民社会责任投资意识和知识缺乏、金融专业人才不足等。

在政策性环境金融领域，由于我国环境执法力度的欠缺和环境管理市场化政策发展还处在探索中，环境金融的管理中行政管制型法规偏多，而市场型手段运用较少。我国三家政策性银行也进行了一定的绿色信贷业务创新，但是由于我国政策性银行还处在改革定位调整中，通过政策性银行运用市场型工具引导商业性环境金融发展的运作基本还非常欠缺。

（6）为推动我国市场导向型环境金融的发展，我国应继续深化经济金融体制改革，加强环保执法和环保信息、节能认证等工作，深化能源价格改革，确保节能环保产业发展战略的长期性和持久性，推动节能环保产业发展，发挥公民的环保影响力，为环境金融的发展提供有利的外部环境。同时政府也通过公共事业的绿色投资直接提升环境金融的需求。政府应进一步完善环境金融法规、明确政策性环境金融机构责任，强调政策性环境金融的杠杆功能，并加强和国内外银行的合作。

为推动主动型商业性环境金融发展，金融管理部门应积极探索运用市场型政策工具改善商业银行环境金融的风险收益结构，鼓励商业银行建立和完善环境金融的内部管理制度，鼓励商业银行在零售业务领域的环境金融创新，强化市场舆论的影响力，交流推广先进银行的经验，探索环境金融业务的拓展收益。对资本市场SRI方面要注重发挥养老基金的作用，强化企业社会责任要求，完善市场投资者结构，加快SRI相关产品的开发和宣传，加强专业人才的培养。

8.2 本书的创新点

总体而言，本书的研究视角和方向具有较好的研究意义和创新性，在政策性和商业性环境金融的研究中探讨了多个国内研究还较少涉及的层面。

（1）研究视角的创新

①提出环境金融的内涵、特征以及政策性和商业性环境金融的分类

国内现有环境金融研究或偏重于宏观政策而金融性不足，或立足于微观金融层面而忽视环境经济的特性和约束。本书对环境金融的内涵进行了系统研究，创新性提出环境金融具有可持续性和政府干预性的特征。依据金融创新的主体，将环境金融分为政策性和商业性环境金融两个层面，本书将政策性环境金融与商业性环境金融置于同样重要的地位，并对二者和二者的对接关系进行了研究。这一研究架构有一定的创新性。

②依据金融创新发展中政府与市场的关系对环境金融进行分类，提出市场导向型环境金融的概念

本书结合环境经济学和可持续金融理论，从政府与市场的动态关系创新性地提出了管制型和市场型政策性环境金融的划分，以及规避型和主动型商业性环境金融的发展进程，归纳提出市场导向型环境金融的概念，并以此作为研究方向。

（2）机理研究的创新

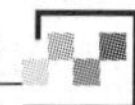

本书以政策性环境金融的机理分析为基础，提出市场导向型政策性环境金融的额外性和杠杆功能。本书结合政策性金融理论、公共财政理论以及国际金融机构的实践，提出环境金融领域的政策性金融对商业性金融的额外性和杠杆率指标，并将可融资性概念融入低碳环保项目融资特性的分析，将技术发展周期的“死亡谷”现象融入新能源、清洁技术融资中的阶段性瓶颈的分析，由此指出市场型政策性环境金融杠杆放大商业性环境金融的路径。

（3）实证研究的创新

对我国商业性环境金融的绩效进行了实证研究，指出绿色信贷和社会责任投资责任在我国存在正面绩效的现状。本书利用对我国上市商业银行绿色信贷的评分以及经济绩效指标ROA，对我国商业银行绿色信贷表现与银行经济绩效之间的关系进行了回归分析；利用基金研究的夏普、特雷诺和詹森业绩指标，选取兴全SRI基金和我国现有的5只SRI指数，对我国证券市场SRI的投资绩效进行了实证研究，实证结果对判断我国商业银行及资本市场环境金融发展的真实状况及探究市场导向型商业性环境金融发展提供了有力的依据。

（4）政策研究的创新

提出环境金融领域基于市场的政策工具的构成及运用建议。

结合环境经济管理中基于市场工具（MBIs）的分类，本书提出环境金融领域MBIs运用的具体形式。从供求层面和外部环境的角度探讨了我国市场导向型商业性环境金融发展迟缓的原因，指出我国政策性银行市场导向型环境金融引导功能实际缺失的现状和原因，提出加强环境金融管理政策和政策性银行运作的市场导向建议，强调政策性银行与商业银行合作，并从刺激环境金融需求，提高金融机构供应和完善外部环境等方面提出了推进金融机构积极自主开展环境金融的建议。

8.3 研究展望

环境金融发展属于较新的研究领域，本书对此进行了初步探索。作为对我国金融业发展和低碳经济发展以及探索金融业服务实体经济过程中的政府与市场关系都具有重要意义的研究领域，本领域的研究还可在以下方面深入拓展。

（1）国际国内环境金融的实践不断发展，但是还未有关于环境金融的全面系统的理论研究，作为一个跨多学科的交叉性新概念，现有研究或从宏观管理研究而与微观金融连接不足，或从金融微观操作进行研究，但缺乏环境管理的宏观理论背景。所以，如何在理论上将宏观与微观有效结合建立系统的环境金融理论体系值得探索。

（2）如何有效地运用市场导向型政策工具激励环境金融创新，尤其是对环境金融宏观政策的绩效评估、政策额外性的体现及实现手段以及杠杆率的指标设定方面都可深入探讨。

（3）本书将国内环境金融现状和欧美先进市场经济国家的发展进行了对比和经验借鉴分析。此外，还可以探究作为发展中国家的经验案例，为本国的环境金融发展创新提供参照。

（4）国内外不同规模的银行在环境金融发展方面的表现是存在差异的，针对大中型银行，尤其是上市银行的研究较多，而对中小型银行、地方银行和农村金融机构的环境金融都可以专门深入。现有商业绿色信贷多是依据传统的企业贷款模式，环保部门平台信息也是基于企业的信息，对于基于项目的低碳环保项目融资的环境风险管理和融资模式还需要专业深入地探究。

（5）随着我国现有SRI基金和SRI指数运作时间的发展，可获得的数据将进一步丰富，从而可以对资本市场环境金融的风险和收益关系进行深入计量研究。随着国际碳金融市场的发展和我国各地碳排放交易市场逐步地试点，商业银行碳金融业务和资本市场相关证券设计及管理都是一个发展的领域。

参考文献

［1］安伟. 绿色金融的内涵、机理和实践初探［J］. 经济经纬，2008（5）.

［2］白钦先. 论金融可持续发展［N］. 金融时报，1998-06-07.

［3］白钦先，谭庆华.政策性金融功能研究——兼论中国政策性金融发展［M］. 北京：中国金融出版社，2008.

［4］蔡芳. 环境保护的金融手段研究——以绿色信贷为例［D］.中国海洋大学，2008.

［5］陈振兴. 绿色金融：我国商业银行业务新领域［D］. 厦门大学，2008.

［6］陈植雄，彭敏玲，曹裕. 积极发展绿色金融的现实意义及策略探析［J］. 金融经济（理论版），2007（6）：3-4.

［7］邓常春. 环境金融：低碳经济时代的金融创新［J］.中国人口·资源与环境，2008（18）.

［8］杜玮，黄儒靖. 我国发展循环经济的金融支持及对策［J］. 现代商业，2009（11）：187-188.

［9］丁剑平，何韧. 2003年中国金融可持续发展学术研讨会综述［J］. 财经研究，2004（4）.

［10］付允，马永欢，刘怡君，牛文元. 低碳经济的发展模式研究［J］. 中国人口·资源与环境，2008（18）：14-19.

［11］方灏，马中. 论环境金融的内涵及外延［J］. 生态经济，2010（9）：50-53.

［12］葛兆强.循环经济、环境金融与金融创新［J］.西南金融，

2009（4）.

［13］国家开发银行.中国人民大学联合课题组. 开发性金融论纲［M］. 北京：中国人民大学出版社，2006.

［14］韩宁. 金融支持海南循环经济发展的现状与对策分析［J］. 海南师范大学学报（社会科学版），2009（22）.

［15］韩立岩，尤苗，魏晓云. 政府引导下的绿色金融创新机制［J］. 中国软科学，2010，239（11）.

［16］何韧，丁剑平.中国金融可持续发展前沿问题学术研讨会：人民币汇率的稳定是中国金融可持续发展的保证［J］.国际金融研究，2003（12）.

［17］胡海员. 中部崛起背景下的武汉城市圈金融体制改革研究［D］. 武汉科技大学，2009.

［18］金乐琴，刘瑞. 低碳经济与中国经济发展模式转型［J］. 经济问题探索，2009（1）：84–87.

［19］蓝虹.商业银行环境风险管理［M］. 北京：中国金融出版社，2012.

［20］刘力. 循环经济的产业转型与绿色金融体系构建［J］. 海南金融，2008（10）：13–16.

［21］李小燕，王林萍，郑海荣. 绿色金融及其相关概念的比较［J］. 科技与产业，2007（7）：82–85.

［22］李宾. 我国循环经济发展中的金融支持问题研究［D］. 广西大学，2008.

［23］李长海. 欧洲养老基金企业：责任投资趋于主流［J］. WTO经济导刊，2012，110（10）：31–34.

［24］李新，程会强. 博弈模型在绿色信贷中的应用研究［J］. 经济研究导刊，2008（19）：108–109.

［25］李志辉，黎维彬. 中国开发性金融理论、政策与实践［M］. 北京：中国金融出版社，2010.

［26］刘姝君. 论循环经济发展的金融支持［D］. 西北大学，2009.

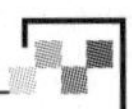

[27] 刘孝红，王志峰.当前宏观经济背景下政策性银行的功能探析：基于国际比较的视角 [J].国际金融研究，2009（5）：31–34.

[28] 苗建青，苗建春. 关于日本银行界在融资过程中环境风险控制的研究 [J]. 国际金融研究，2008（2）.

[29] 孟耀. 绿色投资问题研（当代经济前沿文库）[M]. 大连：东北财经大学出版社，2008.

[30] 孟耀，张启阳. 循环经济发展中绿色投资问题研究 [J]. 财经问题研究，2005（11）：21–25.

[31] 牛文元.中国可持续发展的理论与实践 [J].中国科学院院刊，2012（3）.

[32] 庞任平. 建立发展循环经济的金融支持体系 [J]. 金融理论与实践，2006（8）：42–43.

[33] 气候组织. Financing China's Low Carbon Growth [R]. 香港：汇丰银行，2011.

[34] 齐美东. 中国循环经济金融支持问题研究 [D]. 厦门大学，2008.

[35] 秦颖，徐光. 环境政策工具的变迁及其发展趋势探讨 [J]. 改革与战略，2007（12）.

[36] 乔海曙，龙倩.我国资本市场对SRI反应的实证研究 [J].金融研究，2010（7）.

[37] 冉光和. 金融产业可持续发展理论研究 [M]. 北京：商务印书馆，2004.

[38] 任辉. 环境保护、可持续发展与绿色金融体系构建 [J]. 财政金融，2009（10）：85–88.

[39] 任力. 国外发展低碳经济的政策及启示 [J]. 发展研究，2009（2）：23–26.

[40] 任卫峰. 低碳经济与环境金融创新 [J]. 上海经济研究，2008（3）：38–42.

[41] 石丹，魏华. 武汉城市圈金融支撑平台的构建与初步设想 [J] . 金融与经济，2009（6）：93–95.

[42] 深圳证券交易所综合研究所中小企业研究组. 中小企业金融支持体系：理论、证据与公共政策 [R] . 深圳：深圳证券交易所，2009–08–05.

[43] 生柳荣. 当代金融创新 [M] . 北京：中国金融出版社，1998.

[44] 唐斌，赵洁，薛成容. 国内金融机构接受赤道原则的问题与实施建议 [J] . 新金融，2009（2）：33–36.

[45] 唐斌，赵洁. 银行的社会责任和可持续金融模式——从能效融资得到的启示 [J] . 银行家，2008（1）：66–68.

[46] 唐跃军.环境资本、负外部性与碳金融创新 [J] .中国工业经济，2010（6）.

[47] 吴玉宇. 绿色信贷机制建设的探讨 [J] . 武汉金融，2009（9）：38–39.

[48] 王仁祥，喻平.我国与西方金融创新动因之比较 [J] . 武汉理工大学学报（社会科学版），2003（3）：254–258.

[49] 王卉彤，陈保启. 环境金融：金融创新和循环经济的双赢路径 [J] . 上海金融，2006（6）.

[50] 王卉彤. 应对全球气候变化的金融创新 [M] . 北京：中国财政经济出版社，2008.

[51] 王卉彤，高岩. 商业银行社会责任研究 [M] . 北京：知识产权出版社，2010.

[52] 王鹏. “两型社会”内涵与区域经济可持续发展——以武汉城市圈为例 [J] . 吉林工商学院学报，2008，24（5）.

[53] 王遥，刘倩.碳金融市场：全球形势、发展前景及中国战略 [J] .国际金融研究，2010（9）.

[54] 吴晓，黄银芳. 绿色金融理论在长株潭“两型社会”建设中的应用研究 [J] . 金融经济（学术版），2009（3）.

［55］卫玲，任保平.治理外部性与可持续发展之间关系的反思［J］.当代经济研究，2002（6）.

［56］温素彬，方苑.企业社会责任与财务绩效关系的实证研究——利益相关者视角的面板数据分析［J］.中国工业经济，2008（10）.

［57］谢清河. 我国循环经济发展与金融支持问题研究［J］. 金融与经济，2008（1）：27-31.

［58］许传华. 武汉城市圈金融协调机制建设存在的问题及对策［J］. 武汉金融，2009（8）：12-14.

［59］于晓刚. 中国银行业环境记录：2009NGO报告［M］. 昆明：云南科技出版社，2010.

［60］于永达，郭沛源. 金融业促进可持续发展的实践与研究［J］. 环境保护，2003（12）：50-53.

［61］姚志勇.环境经济学［M］.北京：中国发展出版社，2002.

［62］游春，何方，尧金仁. 绿色保险制度研究［M］. 北京：中国环境科学出版社，2009.

［63］闫敏. 论我国循环经济投融资体系构建［J］. 济南金融，2006（10）：11-13.

［64］尹钧惠. 发展循环经济的绿色金融支持体系探讨［J］. 当代经济，2009（9）：106-108.

［65］于海东，唐文惠，田启华，罗云峰. 环境金融市场定价机制设计：贝叶斯Nash实施［J］. 北京大学学报（自然科学版），2010（3）.

［66］喻平. 金融创新与经济增长［M］. 北京：中国金融出版社，2005.

［67］张长龙. 金融机构的企业社会责任基准——赤道原则［J］. 国际金融研究，2006（6）：14-20.

［68］张伟，李培杰. 国内外环境金融研究的进展与前瞻［J］. 济南大学学报（社会科学版），2009（2）：5-6.

［69］朱文忠. 商业银行企业社会责任标准与机制研究者［M］. 北

京：经济管埋出版社，2009.

［70］朱家贤. 环境金融法研究［M］. 北京：法律出版社，2009.

［71］中国人民银行武汉分行课题组. 加快金融业发展促进武汉城市圈"两型社会"建设［J］. 武汉金融，2009（1）：20-22.

［72］中国人民银行武汉分行课题组. 金融支持武汉城市圈现代服务业发展的调查与建议［J］. 武汉金融，2008（12）：40-42.

［73］庄贵阳. 低碳经济：气候变化背景下中国的发展之路［M］. 北京：气象出版社，2007.

［74］庄贵阳. 环境经济学发展前沿报告［R］. 北京：中国社会科学院，2005.

［75］中国人民银行海口中心支行课题组. 营造绿色金融生态环境，促进区域经济金融稳健发展［J］. 南方金融，2006（4）：23-29.

［76］郑良芳. 构建绿色金融的思考与建议［J］. 武汉金融，2008（3）：19-20.

［77］张雪兰，何德旭. 环境金融发展的财税政策激励：国际经验及启示［J］.财政研究，2010（5）.

［78］Abhishek Lal，Elizabeth Israel. An Overview of Micro-finance and the Environmental Sustainability of Smallholder Agriculture［J］. International Journal of Agricultural Resources，Governance and Ecology，2006（4）：356-376.

［79］Adams W.M. The Future of Sustainability：Re-thinking Environment and Development in the Twenty-first Century［R］. Report of the IUCN Renowned Thinkers Meeting，29-31 January 2006.

［80］A Herringer，C Firer，S Viviers. Key Challenges Facing the Socially Responsible Investment（SRI）Sector in South Africa［J］.Investment Analysts Journal，2009（70）.

［81］Aintablian S.，Patricia A.Mcgraw，Gordon S.Roberts. Bank Monitoring and Environmental Risk［J］. Journal of Business Finance and

Accounting, 2007（1–3）.

［82］Alan Banks. Challenging the Banks on Their Lending Policies［J］. Ethical Performance , 2002（1）.

［83］Alexander F.Wagner, Jürgen Wegmayr . New and Old Marketbased Instruments for Climate Change Policy［EB/OL］.http: //www.ufsp.uzh.ch/finance/documents/CCPolicyWW_Oct192006.pdf.2006（10）.

［84］Aloy Soppe. Sustainable Finance as a Connection Between Corporate Social Responsibility and Social Responsible Investing［J］.Indian School of Business WP Indian Management Research Journal, Vol. 1, No. 3, 13–23, 2009.

［85］Anneke Hoijtink. The Sustainability Attitude Commercial Banks［D］.Tilburg University, 2005（9）.

［86］Andrew Victor Posner. Green Microfinance: A Blueprint for Advancing Social Equality and Environmental Sustainability in the United States［D］. California State University: Northridge, 2007.

［87］Andreas Zieglera, Michael Schroderc. What Determines The Inclusion in a Sustainability Stock index?A Panel Data Analysis for European firms［C］. Center for European Economic Research, ftp: //ftp.zew.de/pub/zew–docs/dp/dp06041.pdf, 2006（41）.

［88］Anne Hammill, Richard Matthew, Elissa McCarter. Micro–finance and Climate Change Adaptation［J］.IDS Bulletin, 2009（9）.

［89］Andrea Vialli. Banks Increase Their Environmental Requirements［C］. O Estado de S. Paulo–Spain, 2008–06–23.

［90］Amundsen ES, Baldursson FM, Mortensen JB.Price Volatility and Banking in Green Certificate Markets［J］.Environmental&Resource Economics, 2006（12）: 259–287.

［91］Astrid Juliane Salzmann .The integration of sustainability into the theory and practice of finance: an overview of the state of the art and outline of future developments, J Bus Econ（2013）83：555–576，DOI 0.1007/s11573–013–0667–3 Published online：10 April 2013.

［92］Bala Ramasamy，Mathew Yeung. Chinese Consumers’ Perception of Corporate Social Responsibility（CSR）［M］. Journal of Business Ethics，2009（88）：119–132.

［93］Bert Scholtens. What Drives Socially Responsible Investment? The Case of The Netherlands［J］. Sustainable Development，2005，13（2）：129–137.

［94］Bert Scholtens，Lammertjan Dam. Banking on the Equator. Are Banks that Adopted the Equator Principles Different from Non–Adopters［J］. World Development，2007，35（8）：1307–1328.

［95］Bert Scholtens. Finance as a Driver of Corporate Social Responsibility［J］.Journal of Business Ethics，2006（68）：19–33.

［96］Belu C. Ranking Corporations Based on Sustainable and Socially Responsible Practices.A Data Envelopment Analysis（DEA）Approach［J］. Sustainable Development，2009（7–8）：257–268.

［97］Benjamin J.Richardson. Keeping Ethical Investment Ethical：Regulatory Issues for Investing for Sustainability［J］.Journal of Business Ethics，2008，87（4）：555–572.Brooke Master. Economic Crisis Sows Seeds of Change［R］. Financial Times Special Report，2009–06–04.

［98］Charlotte Streck. “The Concept of Additionality under the UNFCCC and the Kyoto Protocol：Implications for Environmental Integrity and Equity”，University College London，16p.2010.［online］.http：//www.ucl.ac.uk/laws/environment/docs/hongkong/The%20Concept%20of%20Additionality%20（Charlotte%20Streck）.pdf［10/02/2011］.

［99］Christopher J.Cowton，Paul Thompson. Do Codes make a Difference? The Case of Bank Lending and the Environment［J］.Journal of Business Ethics，2000，24（2）：165–178.

[100] Christopher J.Cowton, Paul Thompson. Bringing the Environment into Bank Lending: Implications for Environmental Reporting [J] .British Accounting Review, 2004, 36 (2) : 197–218.

[101] Coro Strandberg. A Study of Best Practices, Standards and Trends in Corporate Social Responsibility [J] . Sustainability Finance Study, 2005.

[102] Chris Wright. Green finance: Cleaning up in China [J] .Euro–money, 2007 (9) : 69–69.

[103] Dan Siddy, Delsus Limited. Exchanges and Sustainable Investment [R] .World Federation of Exchanges, 2009 (8) .

[104] Daniel K.N.Johnson, Kristina M.Lybecker. Financing Environmental Improvements: A Literature Review of The Constraints on Financing Environmental Innovation [D] .Colorado College: Working Paper, Department of Economics and Business.

[105] David J. Collison, George Cobb, David M. Power, Lorna A. Stevenson. The financial performance of the FTSE4Good indices [J] .Corporate Social Responsibility and Environmental Management. Volume pages 14–28, January/February 2008.

[106] Della Croce, R., C.Kaminker , F.Stewart . The Role of Pension Funds in Financing Green Growth Initiatives [EB/OL] . Paris: OECD , 2011.

[107] Dimitra B. Manou. Environmental decision making by multilateral development banks: a theoretical framework for assessing their environmental performance [J] . International Journal of Sustainable Society. Volume 3, Number 1/2011, 2011, 70–81.

[108] Emelly Mutambatsere and Yannis Arvanitis1.Additionality of Development Finance Institutions in Syndicated Loans Markets in Africa, Africa Economic Brief [J] .Volume 3 · Issue 12 , 2012 (11) .

[109] Emma Sjöström, Richard Welford. Facilitators and impediments for socially responsible investment: a study of Hong Kong [J] . Corporate Social

Responsibility and Environmental Management [J] .Volume 16, Issue 5, pages 278–288, September/October 2009.

[110] Esty B.C. Why Study Large Projects? An Introduction to Research on Project Finance [J] . European Financial Management, 2004, 10 (2) : 213–224.

[111] Esty B.C., Knoop C., Sesia A. The Equator Principles: An Industry Approach to Managing Environmental and Social Risks [J] . Harvard Business School Case Study, 2005 (9) : 114.

[112] Eric Cowan. Topical Issues In Environmental Finance [N] . The Asia Branch of the Canadian International Development Agency (CIDA) , 1999.

[113] Easwar S. Iyer and Rajiv K. y p. Noneconomic goals of investors [J] .Journal of Consumer Behaviour8: 225–237 (2009) . www.interscience.wiley.com.

[114] European Environment Agency.Market–based instruments for environmental policy in Europe [R] .EEA Technical report , 2005 (8) .

[115] Freshfields Bruckhaus Deringer.Banking on responsibility [Z] . http: //www.freshfields.com/practice/environment/publications/pdfs/12057.pdf.2005.

[116] G.Heal. Corporate Social Responsibility: An Economic and Financial Framework [J] .Geneva Papers on Risk and Insurance–Issues and Practice, 2005, 30 (3) : 387–409.

[117] Grant Thornton. Corporate Social Responsibility: a necessity not a choice [R] . International Business Report 2008.

[118] Grzegorz Peszko, Tomasz Zylicz. Environmental Financing in European Economies in Transition [M] .Environmental and Resource Economics, 1998, 11 (3–4) : 521–538.

[119] Hendersonen1, Norris, Kate. Experiences with Market–based Instruments for Environmental Management [J] .Australasian Journal of

Environmental Management，2008（6）.

［120］Herwig Peeters.Sustainable Development and the Role of the Financial World ［J］.Environment，Development and Sustainability，2003：197–230.http：//link.springer.com/article/10.1023%2FA%3A1025357021859.

［121］HKEx Research & Corporate Department. Initiatives in Promoting Corporate Social Responsibility in The Marketplace by HKEx and Overseas Exchanges［Z］. 2011（10）：26–29.

［122］International Finance Corporation（IFC）. Sustainable Investment in China［EB/OL］. http：//www.ifc.org/ifcext/sustainability.nsf/AttachmentsByTitle/p_SustainableInvestmentinChina2009/ $ FILE/IFC+Sustainable+Investment+in+China+–+full+report.pdf，2009（9）.

［123］International Finance Corporation（IFC）. Banking on Sustainability［Z］.2007（3）.

［124］Iulie Aslaksen，Terje Synnestvedt. Ethical investment and the incentives for corporate environmental protection and social responsibility［J］. Corporate Social Responsibility and Environmental Management. Volume pages 212–223，December 2003.

［125］John Ginovsky. Green Banking［J］. Community Banker，2009（4）：30–32.

［126］John Russell. In the Public Interest ［R］.Ethical Corporation，2006，11（9）：36–38.

［127］Jose Salazar.Environmental Finance：Linking Two World ［R］. Bratislava，Slovakia，1998.

［128］Jillian Button. Carbon：Commodity or Currency? The Case for an International Carbon Market Based on The Currency Model［J］. Harvard Environmental Law Review，2008（32）：571–596.

［129］Kirsty Hamilton. Energy Efficiency &The Finance Sector–A survey on lending activities and policy issues［R］.UNEP Finance Initiative' s Climate

Change Working Group，2009（1）.

[130] Kate Galbraith. Are Green Banks a Good Idea [EB/OL]. http://greeninc.blogs.nytimes.com/2009/07/16/are-green-banks-a-good-idea/，2009-07-16.

[131] Kenneth King. Effective Use of International Environmental Financial Instruments [Z].Paris：OECD，2002-04-24/26.

[132] Kjetil Telle. "It Pays to be Green" – A Premature Conclusion? [J]. Environmental & Resource Economics（2006）35：195-220.

[133] Labatt，Sonia，White Rodney R. Environmental Finance：A Guide to Environmental Risk Assessment and Financial Product [R]. John Wiley&Sons. Inc.，2002.

[134] Missbach A. The Equator Principles：Drawing the Line for Socially Responsible Banks? An Interim Review from an NGO Perspective [J]. Development，2004，47（3）：78-84.

[135] Marcel Jeucken. Sustainable Finance and Banking：the Financial Sector and the Future of the Planet [M]. London：Earthscan Publications Ltd.，2002.

[136] Marcia Annisette .The true nature of the World Bank [J]. Critical Perspectives on Accounting，Vol. 15，No. 3，pp. 303-323，2004.

[137] Michael L.Barnett，Robert M. Salomon. Beyond Dichotomy：The Curvilinear Relationship between Social Responsibility and Financial Performance [J]. Strategic Management Journal，2006：1101-1122.

[138] McKenzie. George，Wolfe，Simon，The Impact of Environmental Risk on the UK Banking Sector Applied Financial Economics [J]. 2004（14），1005-1016.

[139] Nathalie McGregor，Sebastian James. Providing Incentives for Investments in Renewable Energy，Advice for Policymakers，Investment Climate In Practice [J]. Investment Climate In Practice，2011，11（19）.

[140] Natasha Cappon. Equator Principles Promoting Greater Responsibility in Project Financing [R] . Canada: Export Development , 2008.

[141] Oren Perez. The New Universe of Green Finance: From Self-Regulation to Multi-Polar Governance [J] .Bar-Ilan University Pub Law Working Paper , 2007 (3) .

[142] Olaf Weber, Sven Remer. Social Banks and the Future of Sustainable Finance [M] . Routledge, 2010.

[143] Patrick Karani, M Gantsho. The Role of Development Finance Institutions (DFIs) in Promoting the Clean Development Mechanism (CDM) in Africa [J] . Environment, Development and Sustainability, 2007 (9) : 203-228.

[144] P.Bansal, K.Roth. Why Companies Go Green: A Model of Ecological Responsiveness [J] . Academy of Management Journal, 2000, 43 (4) : 717-736.

[145] Partner Steve Pemberton. Project Finance [J] . Robinson, 2006 (8) .

[146] Paul Ali. Investing in The Environment: Some Thoughts on The New Breed of Green Hedge Funds [J] .Derivatives Use, Trading Regulation, 2007 (2) : 351-357.

[147] Peter Lindlein. Mainstreaming Environmental Finance into Financial Markets - Relevance, Potential and Obstacles, 2012.http: //link.springer.com/content/pdf/10.1007%2F978-3-642-05087-9_1.pdf.

[148] Peter Lindlein . How to Mainstream Environmental Finance in Developing Countries? 2008 KfW Financial Sector Development Symposium: Greening the Financial Sector Session 1Berlin, 4 December 2008.

[149] Pezzey, J, M.Toman. The Economics of Sustainability: A Review of Journal Articles [J] . Resources for the Future, 2002, 1 (2-3) : 1-36.

[150] Relano F. From Sustainable Finance to Ethical Banking [J] .

Transformations in Business & Economics.2008 /Suppl：123–131.

［151］R.Heinkel，A.Kraus，J.Zechner. The Effect of Green Investment on Corporate Behavior［J］.Journal of Financial and Quantitative Analysis，2001，36（4）：431–449.

［152］Ratka Delibasic. Environmental Considerations in Corporate Lending Business of Montenegrin Commercial Banks［D］.Sweden：IIIEE，Lund University，2008（7）.

［153］Richard G.Newell，Robert N.Stavins.A Two–Way Street Between Environmental Economics and Public Policy［EB/OL］.http：//www.london–accord.co.uk/index.php?option=com_yuidt&Itemid=89，2000（1）：000–005.

［154］Robert N.Stavins. Experience with Market–Based Environmental Policy Instruments［EB/OL］.http：//www.rff.org/documents/RFF–DP–01–58.pdf. 2001（11）：01–58.

［155］Robert N. Stavins. What Can We Learn from the Grand Policy Experiment? Lessons from SO_2 Allowance Trading［J］.Journal of Economic Perspectives，1998，12（3）：69–88.

［156］Rod Newing. Best Step Forward to Cut Carbon Footprint［J］. Financial Times，2010，6（3）.

［157］Sarwar Uddin Ahmed1，Md.Zahidul Islam，Ikramul Hasan. Corporate Social Responsibility and Financial Performance Linkage–Evidence from the Banking Sector of Bangladesh［J］. Journal of Organizational Management，2012，1（1）：14–21.

［158］Shally Venugopal，Aman Srivastava. Current Initiatives Focused on Using Public Climate Finance To Leverage Private Capital［J］. World Resources Institute Working Papers，2012（1）.

［159］Shunsuke Managiab，Tatsuyoshi Okimotoc & Akimi Matsudad. Do socially responsible investment indexes outperform conventional indexes? Applied Financial Economics . Volume 22，Issue 18，2012.

[160] SM Whitten, G Stoneham, M Carter. Market-based tools for environmental management Proceedings of 6th Annual AARES Symposium, 2004.

[161] Sonia Labatt, Rodney R.White. Environmental Finance [M] . New York: John Wiley and Sons, 2002.

[162] S.Prakash Sethi. Investing in Socially Responsible Companies is a Must for Public Pension Funds-Because There is no Better Alternative [J] . Journal of Business Ethics, 2005, 56: 99-129.

[163] Statman. Socially responsible mutual funds [J] . Financial Analysts Journal, 2000, 56 (3) : 30-39.

[164] Steve Way good. How do The Capital Markets Undermine Sustainable Development? What can be done to correct this [J] .Journal of Sustainable Finance & Investment, 2011, 6 (16) .

[165] Suhejla Hotia, Michael Mcaleerb, Laurent L.Pauwels. Multivariate Volatility in Environmental Finance [J] .Mathematics and Computers in Simulation, 2008 (1) : 189-199.

[166] Suhejla Hotia, Michael McAleera, Laurent L.Pauwels. Modelling Environmental Risk [J] . Environmental Modelling & Software, 2005 (10) : 1289-1298.

[167] Suellen Lazarus. Banking on the Future: The Equator Principles and the Project Finance Market [R] . Euro-money Syndicated Lending Handbook, 2005: 5-7.

[168] Suhejla Hoti Michael McAleer. Measuring Risk in Environmental Finance [J] . Journal of Economic Surveys, 2007, 21 (5) : 970-998.

[169] Tuomas Takalo a, c, Tanja Tanayama b, Otto Toivanen. Market failures and the additionality effects of public support to private R&D: Theory and empirical implications, International Journal of Industrial Organization [J] . 31 (2013) 634-642.

[170] The Secretary-General. Our Common Future [R] .World Commission on Environment and Development， 1987-08-02.

[171] The OECD Working Party. Recent Trends and Regulatory Implications of Socially Responsible Investment for Pension Funds [Z] .Oxford Business Knowledge Ltd，2006-12-16/17.

[172] The Italian Banking Sector. Environmental Strategies by the Banking Sector [R] .The Italian Context Working Paper，2011，1 (41) .

[173] UNEP and Partners. Public Finance Mechanisms to Scale up Private Sector Investment in Climate Solutions [Z] . 2009 (10) .

[174] UNEP FI. Innovative financing for sustainable small and medium enterprises in Africa [R] . Switzerland：International Workshop Geneva，2007.

[175] Victory (Shengli) Liu. Environmental Considerations and Business Operations of Commercial Banks in China [M] . Sweden：IIIEE，Lund University，2004 (22) .

[176] Wayne Norman，Chris MacDonald. Getting to the Bottom of "Triple Bottom Line" [J] . Business Ethics Quarterly，2003 (3) .

[177] World Bank. Handbook of National Accounting：Integrated Environmental and Economic Accounting 2003 [Z] .New York，2003.

[179] W.van Gaast K. Begg. Challenges and Solutions for Climate Change [M] . Springer-Verlag London 2012 books.google.com.hk/books?isbn=1849963991.

[179] Scott J. Callan Janet M. Thomas，李建民等译.环境经济学与环境管理 [M] .北京：清华大学出版社，2006.

[180] Philip Molyneux，Nidal Shamroukh. 周业安译. 金融创新 [M] . 北京：中国人民大学出版社，2003.

后　记

本书是在我的博士论文的基础上结合最近的研究成果修改而成的。环境金融发展研究还属于比较新的研究领域，本书对此进行了初步探讨，希望对推动我国金融业促进环保和实现自身发展的双赢局面尽一份绵薄之力，推动金融业从业者和研究人员认同“Make green, make money ”的理念。

在本书即将付梓之际，首先要感谢我的指导老师王仁祥教授多年来的指导和帮助。从选题、拟定大纲到论文的不断修改完善的过程中都凝结了恩师大量的心血。导师学识的渊博、治学的严谨、洞察力的敏锐和认真的工作作风都给我留下深刻的印象。感谢导师对我在学习、工作和生活上的关怀。在此，我谨向导师王仁祥教授致以最诚挚的谢意。

感谢武汉理工大学经济学院的胡国晖教授、喻平教授、朱金生教授、王恕立教授、魏龙教授的关心和指导，感谢金融系沈蕾老师、刘华老师、方建珍老师的鼓励和帮助，感谢经济学院夏丹、肖晶、杨曼、陈婷、曾露、徐晓然等多位研究生同学给我的帮助。

感谢中国金融出版社的张智慧主任和赵晨子编辑在本书出版中的细致帮助。

最后，感谢我的父母、姐姐对我的关心、支持，特别感谢我先生一贯的鼓励和帮助。还有我最可爱的孩子！